B.I.-Hochschultaschenbuch
Band 779

Übungen in Grundlagen der Elektrotechnik II

Das Magnetfeld und die elektromagnetische Induktion

Aufgaben mit ausführlichen Lösungen

von
Prof. Dr.-Ing. Gunther Wiesemann
Fachhochschule Braunschweig/Wolfenbüttel

2., überarbeitete Auflage

Die Deutsche Bibliothek – CIP-Einheitsaufnahme

Übungen in Grundlagen der Elektrotechnik: Aufgaben mit ausführlichen Lösungen. – Mannheim; Leipzig; Wien; Zürich: BI-Wiss.-Verl.
2. Das Magnetfeld und die elektromagnetische Induktion / von Gunther Wiesemann. – 2., überarb. Aufl. – 1993
(BI-Hochschultaschenbuch; Bd. 779)

NE: Wiesemann, Gunther; GT

Gedruckt auf säurefreiem Papier
mit neutralem pH-Wert (bibliotheksfest)

ISBN-13: 978-3-540-62171-3 e-ISBN-13: 978-3-642-95760-4
DOI:10.1007/ 978-3-642-95760-4

V O R W O R T

Die hier zusammengestellten Aufgaben stammen aus den Übungen und Prüfungen zu den „GRUNDLAGEN DER ELEKTROTECHNIK II" an der TECHNISCHEN HOCHSCHULE DARMSTADT.

Ich danke den vielen Studenten, die durch Fragen, Vorschläge und Entdeckung von Fehlern zur vorliegenden Sammlung beigetragen haben. Sie haben gezeigt, daß man zwischen „Lehrenden" und „Lernenden" nicht scharf unterscheiden kann.

Herrn Dr.-Ing. Wolfgang Mecklenbräuker (Eindhoven) danke ich für seine gründliche und kritische Durchsicht des Manuskripts, Herrn Prof. Wolfgang Hogräfer (Wolfenbüttel) für nützliche Anregungen zum Kapitel 7 und meiner Frau für die durchdachte und übersichtliche Gestaltung der Reinschrift.

Braunschweig, im August 1975

Gunther Wiesemann

V O R W O R T zur 2. Auflage

Der vorliegende Neudruck dieser Aufgabensammlung unterscheidet sich von der im Jahr 1976 erschienenen 1. Auflage durch die Angleichung an den üblichen Sprachgebrauch bei den **magnetischen Feldgrößen B und H**, durch die Verwendung der empfohlenen Einheit **Tesla** (T) statt des veralteten Kilogauß (kG) und durch eine Reihe weiterer kleiner Korrekturen.

Braunschweig, im November 1992 G. W.

Hinweise für den Benutzer

Die vorliegende Aufgabensammlung schließt sich unmittelbar an das Hochschultaschenbuch 778 „Übungen in Grundlagen der Elektrotechnik I" an und wird ergänzt durch den Band 780 „Übungen in Grundlagen der Elektrotechnik III u. IV".

Um alle Aufgaben lösen zu können, braucht man keine umfangreicheren Kenntnisse, als sie in dem Hochschultaschenbuch 183 „Grundlagen der Elektrotechnik II" vermittelt werden. Die Reihenfolge und die Bezeichnung der Kapitel (5, 6 und 7) stimmen im Band 183 und in der vorliegenden Aufgabensammlung überein. Das Kapitel 8 des Bandes 183 ist jedoch hier nicht vertreten, da dies Kapitel nur den Übergang von den Grundlagen der Elektrotechnik zur theoretischen Elektrotechnik (insbesondere zur Feldtheorie) vorbereiten soll. Aufgaben hierzu hätten daher über die Grundlagen der Elektrotechnik weit hinausgehen müssen.

Die drei Kapitel des vorliegenden Bandes sind in insgesamt 13 Abschnitte unterteilt. Innerhalb jedes Abschnittes werden zunächst alle Aufgaben, dann alle Lösungen angegeben. Dadurch wird verhindert, daß der Blick beim Lesen des Aufgabentextes versehentlich schon auf die Lösung fällt; wir hoffen, so zur Selbständigkeit beim Lösen der Aufgaben beizutragen.

Einzelne Lösungen werden durch Anmerkungen oder Kontrollen ergänzt: hier werden unterschiedliche Lösungswege miteinander verglichen, und es soll dazu angeregt werden, einfache Möglichkeiten der Ergebniskontrolle zu nutzen und gelegentlich Betrachtungen anzustellen, die über die Aufgabenstellung hinausgehen.

Alle Aufgaben-Nummern sind eingerahmt; die Nummern der wichtigeren Aufgaben wurden dick eingerahmt. Alle Lösungs-Nummern sind unterstrichen.

In den meisten Aufgaben sind für die einzelnen elektrotechnischen Größen auch Zahlenwerte angegeben. Beim Lösen solcher Aufgaben lohnt es sich meistens, zunächst die allgemeine Lösung und danach erst den Zahlenwert zu berechnen; zu diesem Vorgehen wird durch die Formulierung der Aufgabentexte hingeführt.

Inhaltsverzeichnis

a. Die Kraft auf einen stromdurchflossenen Leiter

A u f g a b e n

5.1 Drei Leiter mit der Länge l liegen in der Ebene z=0. Die Längsachse des mittleren Leiters fällt mit der y-Achse zusammen; die beiden äußeren Leiter haben vom mittleren Leiter den Abstand a (vgl. Bild 5.1).

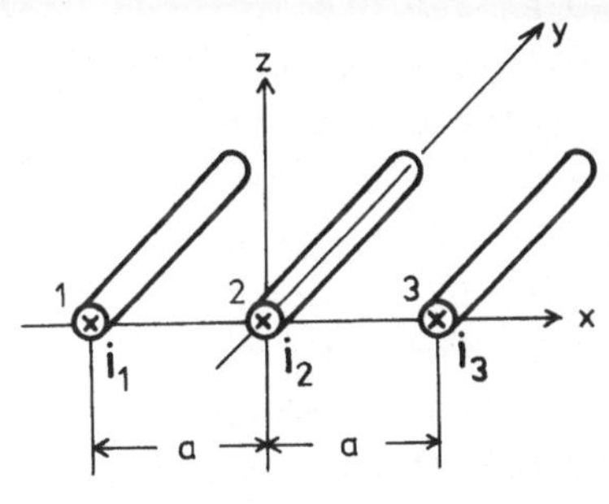

Bild 5.1

Drei stromdurchflossene parallele Leiter

5.1.1 Wie groß sind die Kräfte F_1 , F_2 und F_3 , die auf die Leiter 1 , 2 und 3 wirken ?

5.1.2 Welche Zahlenwerte ergeben sich für die Kräfte, wenn

$$i_1 = i_2 = i_3 = 50 \text{ A},$$

$$l = 10 \text{ m} \quad \text{und} \quad a = 5 \text{ cm} \qquad \text{ist ?}$$

5.2 Ein Leiter mit der Masse m führt den konstanten Strom i und tritt zur Zeit t=0 an der Stelle x=0 in ein homogenes Magnetfeld von der Breite l ein, das in y-Richtung verläuft (Bild 5.2). Der Leiter hat beim Eintritt ins Feld die Geschwindigkeit v_0 in x-Richtung.

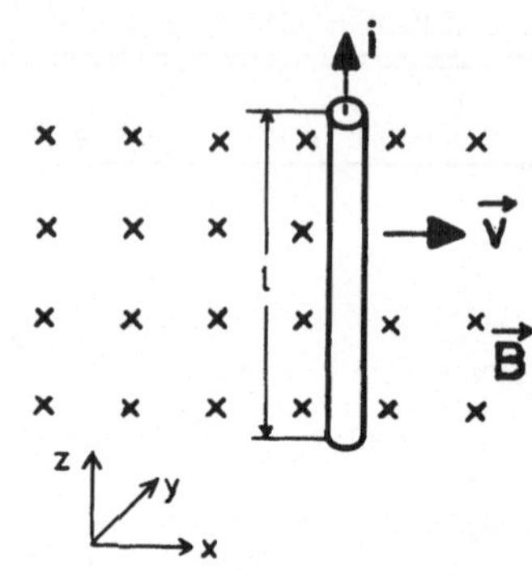

Bild 5.2
Bewegung eines stromdurchflossenen Leiters durch ein homogenes Magnetfeld

5.2.1 An welcher Stelle x_2 und zu welcher Zeit t_2 kehrt der Leiter seine Bewegungsrichtung um ?

5.2.2 Nach welcher Zeit t_4 kehrt der Leiter zum Ort x=0 zurück ?

5.2.3 Nach welcher Zeit t_1 erreicht der Leiter die Stelle $x_1 = x_2/2$?

Nach welcher Zeit t_3 kehrt der Leiter an die Stelle $x_1 = x_2/2$ zurück ?

5.2.4 Man berechne x_2 , t_1 , t_2 , t_3 und t_4 aus den folgenden Zahlenwerten:

B= 0,2 T ; i= 1,5A ; v_0 = 2 m/s
m= 300 g ; l= 1 m.

5.3 In Bild 5.3 wird der Querschnitt durch vier dünne parallele Leiter dargestellt. Die Mittelpunkte der Querschnittsflächen bilden die Ecken eines Quadrates.

Wie groß muß der Strom i_4 sein, damit auf den Leiter 1 keine Kraft ausgeübt wird ?

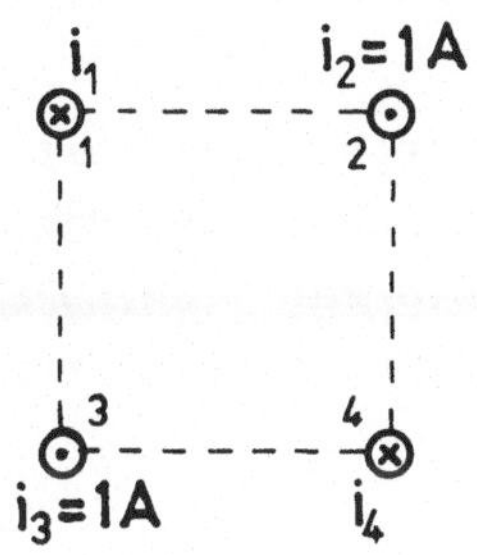

Bild 5.3
Querschnitt durch vier Leiter

5.4 In Bild 5.4 wird der Querschnitt durch drei dünne parallele Leiter dargestellt. Die Mittelpunkte der Querschnittsflächen bilden die Ecken eines gleichseitigen Dreiecks. Die Länge der Leiter ist $l = 1$ m ; außerdem sei $i = 10$ A und $h = 3$ cm .

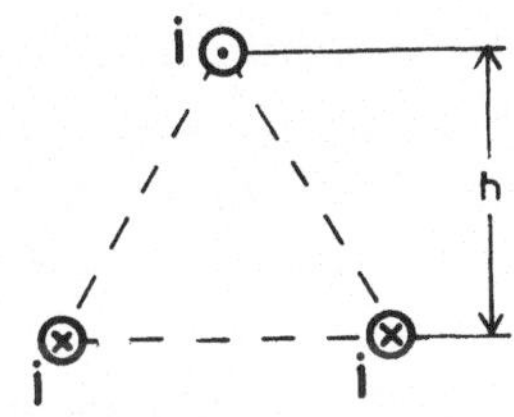

Bild 5.4
Querschnitt durch drei Leiter

Welche Kraft wirkt auf den oberen Leiter ?

5.5 Zwei lange gerade Leiter haben den Abstand $a = 1$ m und üben aufeinander eine Kraft aus, falls durch beide ein Strom fließt.
Die Einheit 1 A wird folgendermaßen definiert:

Wirkt auf ein Leiterstück von 1 m Länge die Kraft

$$F = 2 \cdot 10^{-7}\ \mathrm{N},$$

wenn durch beide Leiter der gleiche Strom fließt, so bezeichnet man diesen Strom als die Einheit der Stromstärke: 1 A .
Wie ergibt sich hieraus die Permeabilitätskonstante μ_0 ?

5.6 Eine Rechteckspule mit n = 100 Windungen befindet sich in einem homogenen Magnetfeld mit der Flußdichte 0,5 T . Die Spule ist drehbar um eine zum Feld senkrecht stehende Achse; sie hat die Länge a = 5 cm (parallel zur Drehachse), die Breite b = 4 cm (senkrecht zur Achse).

5.6.1 Wie groß ist das Drehmoment, das auf die Spule ausgeübt wird, wenn die Spulenebene mit dem magnetischen Feld einen Winkel von 60° bildet und ein Strom i = 25 mA durch die Spule fließt ?

5.6.2 Wann wirkt auf die Spule das größte Moment ?

5.6.3 Wann befindet sich die Spule im Gleichgewicht? Wann handelt es sich um ein stabiles, wann um ein labiles Gleichgewicht ?

5.7 Zwei lange gerade Drähte liegen in der Ebene
z = 0 an den Stellen
x = - a und
x = + a und verlaufen parallel zur y - Achse
(Bild 5.5).
In der Ebene x = 0 liegt eine rechteckige Spule, deren Achse mit der y - Achse des Koordinaten-Systems

zusammenfällt. Die von der Spule umschlossene Fläche hat die Länge l und die Breite 2r . Durch die n Windungen der Spule fließt der Strom i_1 und durch den linken Leiter der Strom i_0 . Der Strom im rechten Leiter sei unterbrochen:

$$i_2 = 0 .$$

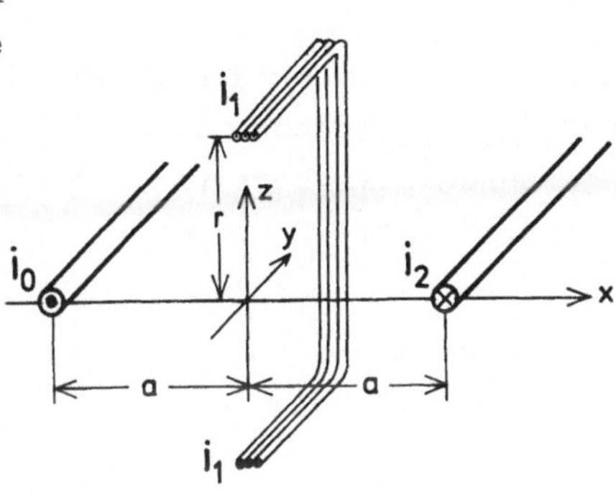

Bild 5.5

Querschnitt durch zwei lange Leiter (i_0,i_2) und eine Rechteckspule (i_1)

5.7.1 Das Magnetfeld des Stromes i_0 bewirkt, daß auf die Spule ein Drehmoment $\vec{M}$ um die Spulenachse ausgeübt wird. Man bestimme Größe und Richtung dieses Drehmomentes.

5.7.2 Wirkt außer dem Drehmoment auch eine Kraft auf die Spulenachse ?
Gegebenenfalls berechne man Größe und Richtung dieser Kraft.

5.8 Gegeben ist die gleiche Anordnung wie in Aufgabe 5.7 (Bild 5.5). Es sei aber diesmal

$$i_2 = i_0 ,$$

d.h. die Ströme im linken und rechten Leiter haben den gleichen Betrag und sind einander entgegengerichtet.

5.8.1 Man bestimme das Drehmoment M.

5.8.2 Wirkt außer dem Drehmoment auch eine Kraft auf die Spulenachse ?
Gegebenenfalls berechne man Größe und Richtung dieser Kraft.

5.9 In Bild 5.6 werden vier lange parallele Leiter dargestellt. Durch die Leiter fließen die Ströme i_1 , i_2 und i_3 , so daß die Leiter Kräfte aufeinander ausüben: auf den Leiter mit dem Strom i_2 wirkt eine Kraft mit dem Betrag F_2 , auf den Leiter mit dem Strom i_3 wirkt eine Kraft mit dem Betrag F_3 .

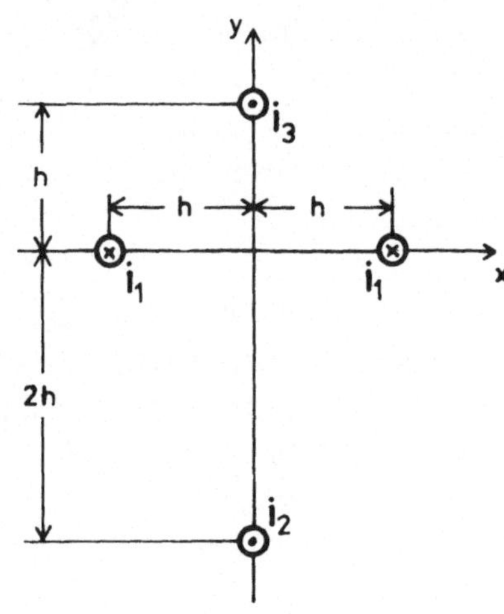

Bild 5.6
Querschnitt durch vier lange parallele Leiter

5.9.1 Man skizziere die Vektoren $\vec{F}_2$ und $\vec{F}_3$.

5.9.2 Für welches Verhältnis i_1/i_3 wird $F_2=0$?

5.9.3 Für welches Verhältnis i_1/i_2 wird $F_3=0$?

L ö s u n g e n

5.1 5.1.1 Die Ströme i_2 und i_3 erzeugen an der Stelle des Leiters i das Feld

$$\vec{B}_{2;3} = \vec{e}_z \mu_0 \left[\frac{i_2}{2\pi a} + \frac{i_3}{4\pi a} \right].$$

Für die Kraft auf den Leiter 1 gilt:

$$\vec{F}_1 = i_1 l \vec{e}_y \times \vec{B}_{2;3}, \tag{5.1}$$

also

$$\vec{F}_1 = i_1 l (\vec{e}_y \times \vec{e}_z) \mu_0 \left[\frac{i_2}{2\pi a} + \frac{i_3}{4\pi a} \right]$$

$$\boxed{\vec{F}_1 = \vec{e}_x \frac{\mu_0 l}{2\pi a} i_1 (i_2 + i_3/2)}.$$

Entsprechend wird

$$\boxed{\vec{F}_2 = \vec{e}_x \frac{\mu_0 l}{2\pi a} i_2 (-i_1 + i_3)}$$

und

$$\boxed{\vec{F}_3 = -\vec{e}_x \frac{\mu_0 l}{2\pi a} i_3 (i_1/2 + i_2)}.$$

(Hierbei bezeichnen $\vec{e}_x$, $\vec{e}_y$ und $\vec{e}_z$ die Einheitsvektoren in x- , y- bzw. z- Richtung.)

5.1.2 Mit den angegebenen Zahlenwerten gilt für die Beträge der gesuchten Kräfte:

$$F_1 = F_3 = \frac{3\mu_0 l}{4\pi a} i_1^2$$

$$\boxed{F_1 = F_3 = 0{,}15\ \mathrm{N}} \qquad \boxed{F_2 = 0}.$$

5.2 Auf den Leiter wirkt - entsprechend Gl. (5.1) - eine Kraft F. Falls diese Kraft in x-Richtung positiv gezählt wird, so gilt

$$F = - liB = m\ddot{x} ; \qquad (5.2)$$

für die Beschleunigung (in x-Richtung) $\ddot{x}$ gilt also

$$\ddot{x} = -\frac{l}{m} iB . \qquad (5.3)$$

Zweimalige Integration dieser einfachen Differential-Gleichung ergibt:

$$\dot{x} = v = v_o - \frac{l}{m} iBt \qquad (5.4)$$

$$x = x_o + v_o t - \frac{l}{2m} iBt^2 . \qquad (5.5)$$

Da allerdings für t = 0 auch x = 0 gelten soll, ergibt sich aus Gl.(5.5), daß $x_o = 0$ ist, so daß diese Gleichung sich vereinfacht:

$$x = v_o t - \frac{l}{2m} iBt^2 . \qquad (5.6)$$

Diese Funktion wird in Bild 5.7 dargestellt.

5.2.1 Im Augenblick t_2 der Umkehr der Bewegungsrichtung ist

$$v = 0 ;$$

setzt man dies in Gl. (5.4) ein, so erhält man

$$0 = v_o - \frac{l}{m} iBt_2$$

$$\boxed{t_2 = \frac{v_o m}{liB}} . \tag{5.7}$$

Nach der Zeit t_2 ist gemäß Gl. (5.6) der Weg x_2 zurückgelegt:

$$x_2 = v_o t_2 - \frac{1}{2m} iBt_2^2 ,$$

mit Gl. (5.7) also

$$\boxed{x_2 = \frac{v_o^2}{2} \cdot \frac{m}{liB}} . \tag{5.8}$$

5.2.2 Wenn der Leiter nach der Zeit t_4 zum Ausgangspunkt x=0 zurückkehrt, muß wegen Gl. (5.5)

$$t_4 \left(v_o - \frac{ilB}{2m} t_4\right) = 0 \tag{5.9}$$

gelten. Die Lösung $t_4 = 0$ kennzeichnet den Eintritts-Augenblick; die zweite Lösung der Gl. (5.9) ergibt sich aus

$$v_o - \frac{ilB}{2m} t_4 = 0 .$$

Hieraus ergibt sich der zweite Zeitpunkt, an dem $x = 0$ wird; der Rückkehr-Zeitpunkt ist also

$$\boxed{t_4 = 2v_o \frac{m}{liB}} . \tag{5.10}$$

5.2.3 Setzt man die Forderung

$$x_1 = x_2/2 \tag{5.11}$$

in die Gl. (5.6) ein, so erhält man unter Berücksichtigung des Ergebnisses (5.8)

$$\frac{v_o^2}{4} \cdot \frac{m}{liB} = v_o t_{1;3} - \frac{ilB}{2m} t_{1;3}^2 \; . \tag{5.12}$$

Die Auflösung dieser quadratischen Gleichung liefert die beiden Zeitpunkte t_1 und t_3 , bei denen die Forderung (5.11) erfüllt ist:

$$t_1 = v_o \frac{m}{liB} (1-\sqrt{0,5}) \tag{5.13a}$$

$$t_3 = v_o \frac{m}{liB} (1+\sqrt{0,5}) \; . \tag{5.13b}$$

Der Vergleich dieses Ergebnisses mit Gl. (5.7) führt zu der Darstellung

$$\boxed{t_1 = t_2 (1-\sqrt{0,5})} \tag{5.14a}$$

$$\boxed{t_3 = t_2 (1+\sqrt{0,5})} \; . \tag{5.14b}$$

5.2.4 Für die gegebenen Zahlenwerte wird

$t_1 = 0,586$ s	$t_2 = 2$s	
$t_3 = 3,414$ s	$t_4 = 4$s	$x_2 = 2$m

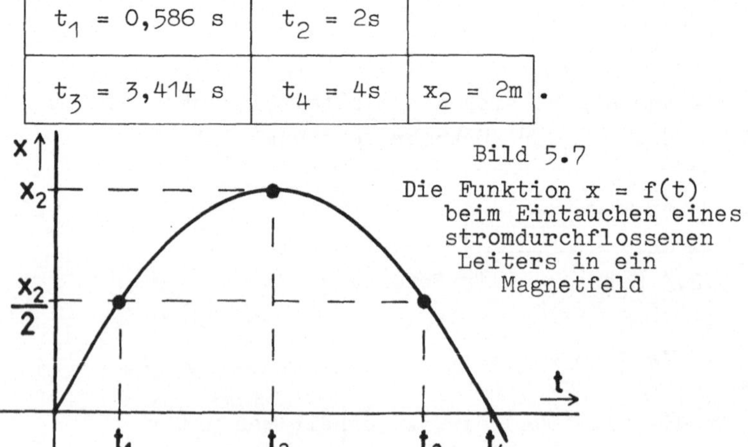

Bild 5.7
Die Funktion x = f(t) beim Eintauchen eines stromdurchflossenen Leiters in ein Magnetfeld

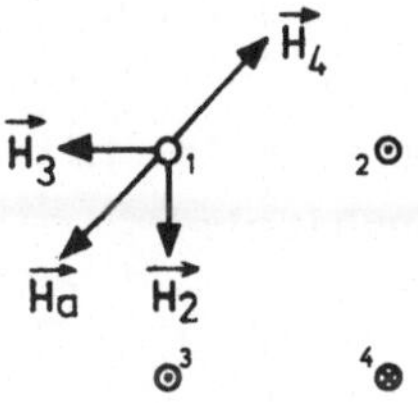

5.3 Die Ströme in den Leitern 2 und 3 bewirken am Leiter 1 die Erregung $\vec{H}_a$ (vgl. Bild 5.8). Diese Erregung muß kompensiert werden durch $\vec{H}_4$. Das ist möglich, wenn für die Beträge der Erregungen folgendes gilt:

Bild 5.8
Die magnetische Erregung am Leiter 1

$$H_4 = H_a \, . \tag{5.15}$$

Hierbei ist

$$H_4 = \frac{i_4}{2\pi\sqrt{2}a} \tag{5.16}$$

und

$$H_a = \sqrt{2}\,H_2 = \sqrt{2}\,\frac{i_2}{2\pi a} \, . \tag{5.17}$$

Setzt man die Gleichungen (5.16) und (5.17) in (5.15) ein, so ergibt sich

$$\boxed{i_4 = 2 i_2 = 2 \text{ A}} \, .$$

Unter dieser Voraussetzung verschwindet die magnetische Flußdichte an der Stelle des Leiters 1, so daß auf diesen Leiter keine Kraft wirken kann.

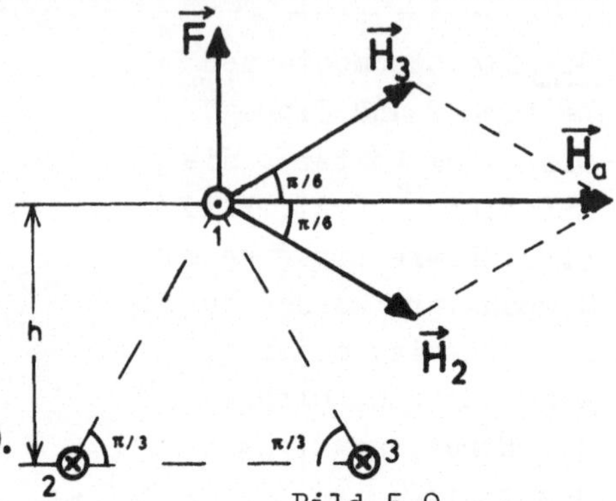

5.4 Der obere Leiter (Bild 5.9) befindet sich an einer Stelle des Magnetfeldes mit der Flußdichte

$$\vec{B}_a = \mu_0 \vec{H}_a$$

$$\vec{B}_a = \mu_0 (\vec{H}_2 + \vec{H}_3).$$

Bild 5.9
Die magnetische Erregung am Leiter 1

Für den Betrag dieser Flußdichte gilt:

$$B_a = \mu_0 \sqrt{3}\, H_2 = \mu_0 \sqrt{3} \frac{i}{2\pi \cdot 2h/\sqrt{3}} = \frac{3\mu_0 i}{4\pi h} .$$

Wegen Gl. (5.1) ist dann der Betrag der Kraft $\vec{F}$ (Bild 5.9) :

$$F = ilB_a = \frac{3\mu_0 l i^2}{4\pi h}$$

und mit den gegebenen Zahlenwerten

$$\boxed{F = 10^{-3} \ \text{N}} .$$

Diese Kraft wirkt nach oben (vgl. Bild 5.9) .

5.5 Ein Leiter 2, durch den der Strom i_2 fließt, übt auf einen parallelen Leiter 1 mit dem Strom i_1 die folgende Kraft aus:

$$F_1 = i_1 l B_2 . \qquad (5.18)$$

Dies ergibt sich als Sonderfall aus Gl. (5.1). Die Darstellung (5.18) bedeutet folgendes: Auf den Leiter 1 wirkt eine Kraft F_1, die dem Strom i_1 in diesem Leiter und der „Fremd"flußdichte B_2 proportional ist. Die Fremdflußdichte B_2 ist diejenige Flußdichte, die an der Stelle des Leiters 1 auftritt, solange in diesem Leiter selbst kein Strom fließt. Im hier betrachteten Sonderfall ist B_2 also die Flußdichte, die von dem Strom i_2 hervorgerufen wird. Haben beide Leiter voneinander den Abstand a, so gilt

$$B_2 = \mu_0 H_2 = \mu_0 \frac{i_2}{2\pi a} \quad . \tag{5.19}$$

Damit wird aus Gl. (5.18)

$$F_1 = \mu_0 \frac{l}{2\pi a} \cdot i_1 \cdot i_2 \quad . \tag{5.20}$$

Im übrigen ist die Kraft F_2 , die vom Leiter 1 auf den Leiter 2 ausgeübt wird, ebensogroß wie F_1 :

$$F_2 = i_2 \, l B_1 = \mu_0 \frac{l}{2\pi a} \cdot i_2 \cdot i_1 \quad .$$

Falls in beiden Leitern ein Strom gleichen Betrages fließt,

$$i_1 = i_2 \; ,$$

so wird mit $F = F_1 = F_2$:

$$F = \mu_0 \frac{l}{2\pi a} \, i^2 \quad . \tag{5.21}$$

Wegen der in der Aufgabenstellung beschriebenen Ampere-Definition gilt demnach

$$2 \cdot 10^{-7} \, \mathrm{N} = \mu_0 \frac{1\mathrm{m}}{2\pi \cdot 1\mathrm{m}} (1\mathrm{A})^2 . \tag{5.22}$$

Aus dieser Definition folgt zwangsläufig für die Proportionalitätskonstante μ_0 :

$$\mu_0 = \frac{4\pi 10^{-7}\ \mathrm{N}}{\mathrm{A}^2} \ . \tag{5.23}$$

Wegen

$$1\mathrm{N} = 1\ \frac{\mathrm{VAs}}{\mathrm{m}} \tag{5.24}$$

ergibt sich also

$$\boxed{\mu_0 = 4\pi\, 10^{-7}\ \frac{\mathrm{Vs}}{\mathrm{Am}}} \ . \tag{5.25}$$

5.6 5.6.1 Auf den oberen und den unteren Leiter wirkt gemäß Gl. (5.18) jeweils eine Kraft mit dem Betrag

$$F = aiB \ . \tag{5.26}$$

Beide Kräfte wirken gegeneinander und bewirken so ein Drehmoment M um die Achse A (Bild 5.10):

$$M = bF\cos\alpha \ . \tag{5.27}$$

Mit Gl. (5.26) wird hieraus

$$M = abiB\cos\alpha, \tag{5.28}$$

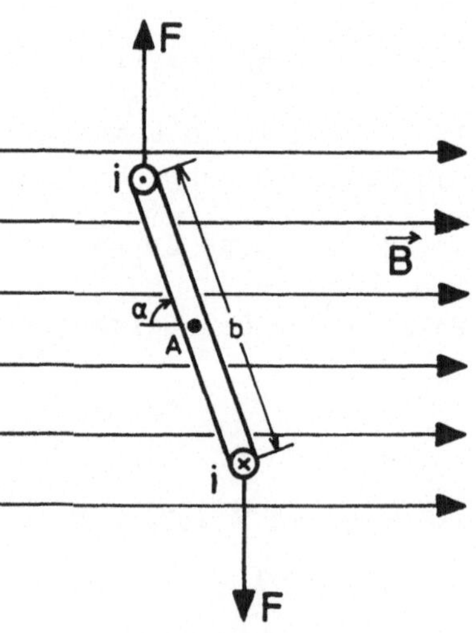

Bild 5.10
Kräfte auf eine Spulenwindung im Magnetfeld

für die ganze Spule (n Windungen) gilt also

$$M_s = nabiB \cos \alpha \tag{5.29}$$

und mit den gegebenen Zahlenwerten

$$M_s = 100 \cdot 20\text{cm}^2 \cdot 25 \cdot 10^{-3}\text{A} \cdot 5 \cdot 10^{-5} \frac{\text{Vs}}{\text{cm}^2} \cdot 0{,}5$$

$$\boxed{M_s = 1{,}25 \cdot 10^{-3}\ \text{Nm}}\ .$$

5.6.2 Gleichung (5.29) zeigt, daß der Betrag des Momentes Maxima für

$$\boxed{\alpha = 0} \quad \text{und} \quad \boxed{\alpha = \pi}$$

erreicht.

5.6.3 Die Spule befindet sich im Gleichgewicht, wenn kein Moment auf die Spule wirkt. Aus der Gleichung (5.29) geht hervor, daß für

$$\boxed{\alpha = \frac{\pi}{2}} \quad \text{und} \quad \boxed{\alpha = -\frac{\pi}{2}}$$

$M_s = 0$ wird. Es gibt also zwei Gleichgewichtslagen. Die Lage $\alpha = \pi/2$ ist stabil (Bild 5.11); die Stabilität zeigt sich daran, daß die Spule, wenn sie durch einen äußeren Anstoß aus ihrem Gleichgewicht gebracht wird, durch das Kräftepaar wieder in die stabile Lage gezogen wird. Befindet sich die Spule dagegen im labilen Gleichgewicht ($\alpha = -\pi/2$; Bild 5.12), so genügt der geringste Anstoß, um die Spule in eine Lage zu bringen, in der das Kräftepaar die Spule noch weiter aus der Gleichgewichtslage herausbewegt.

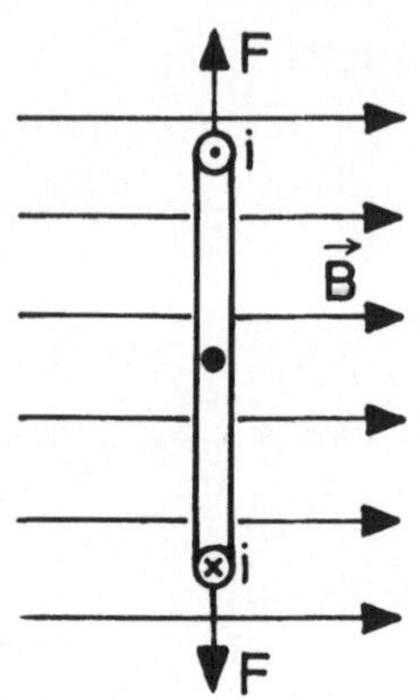

Bild 5.11
Stabiles Gleichgewicht

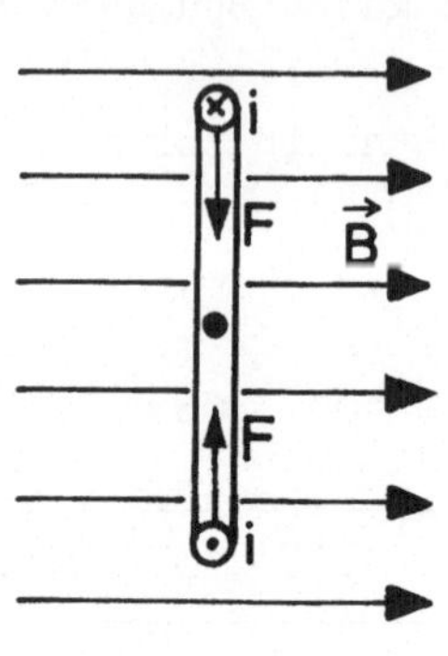

Bild 5.12
Labiles Gleichgewicht

5.7 Gemäß Gl. (5.18) gilt für die Kraft, die die Leiter 0 und 1 zueinanderzieht:

$$F_1 = \frac{n\mu_o i_o i_1 \; l}{2\pi\sqrt{r^2+a^2}} \; . \quad (5.30)$$

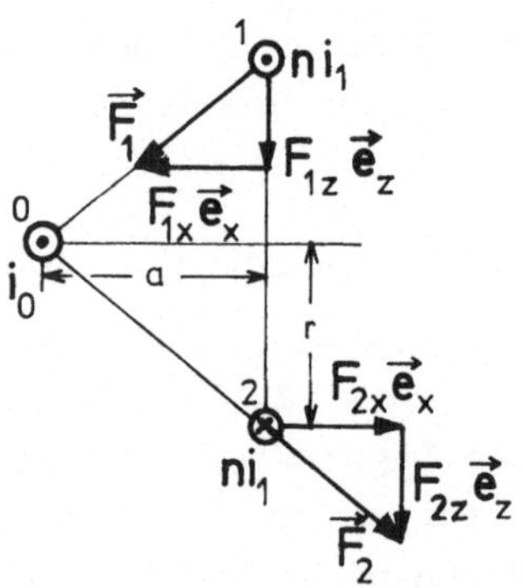

Bild 5.13
Zur Berechnung der Kräfte zwischen stromdurchflossenen Leitern

Die Kraft, die die Leiter 0 und 2 auseinanderdrückt, ist ebensogroß:

$$F_2 = F_1 \; .$$

F_{1x}, F_{1z}, F_{2x}, F_{2z}

sind die Komponenten der Kräfte $\vec{F}_1$ und $\vec{F}_2$ (vgl. Bild 5.13):

$$\vec{F}_1 = \vec{e}_x F_{1x} + \vec{e}_z F_{1z}$$

und

$$\vec{F}_2 = \vec{e}_x F_{2x} + \vec{e}_z F_{2z} \quad .$$

Für die Komponenten gilt:

$$F_{1x} = \frac{-a}{\sqrt{r^2+a^2}} F_1 = -\frac{n\mu_o i_o i_1 al}{2\pi(r^2+a^2)} \tag{5.31}$$

$$F_{2x} = -F_{1x} \; . \tag{5.32}$$

$$F_{1z} = \frac{-r}{\sqrt{r^2+a^2}} F_1 = -\frac{n\mu_o i_o i_1 rl}{2\pi(r^2+a^2)} \tag{5.33}$$

$$F_{2z} = F_{1z} \; . \tag{5.34}$$

5.7.1 Das Kräftepaar

$$\vec{e}_x F_{1x} \quad \text{und} \quad \vec{e}_x F_{2x}$$

verursacht das Drehmoment $\vec{M}_d$:

$$\boxed{\vec{M}_d = -\vec{e}_y \frac{n\mu_o i_o i_1 arl}{(r^2+a^2)\pi}} \; . \tag{5.35}$$

Das heißt: Das Drehmoment hat den Betrag, der durch den Bruch in dieser Gl. beschrieben wird, und wirkt im Sinne einer Rechtsschraube in Richtung abnehmender y- Werte.

5.7.2 Die z-Komponenten der Kräfte $\vec{F}_1$ und $\vec{F}_2$ bewirken auf die Spule die Kraft $\vec{F}_s$

$$\vec{F}_s = \vec{e}_z \; (F_{1z} + F_{2z})$$

$$\boxed{\vec{F}_s = -\vec{e}_z \frac{n\mu_0 i_0 i_1 r l}{\pi(r^2+a^2)}} \; . \tag{5.36}$$

5.8 5.8.1 Auf die Spule wirkt das Paar der beiden einander entgegengerichteten und betragsgleichen Kräfte $\vec{F}_c$, $\vec{F}_d$ (vgl. Bild 5.14) .

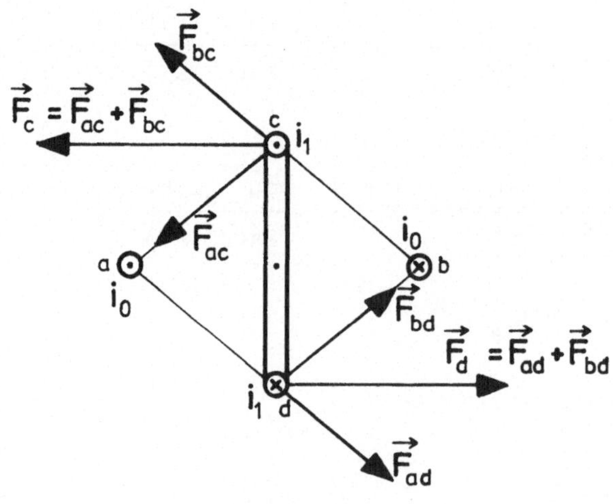

Bild 5.14

Zur Berechnung des Drehmoments

Diese Kräfte ergeben sich jeweils aus der Addition zweier x-Komponenten (die z-Komponenten kompensieren sich):

$$\vec{F}_c = \vec{F}_{ac} + \vec{F}_{bc} = -\vec{e}_x \frac{n\mu_0 i_0 i_1 l a}{\pi(a^2+r^2)}$$

$$\vec{F}_d = -\vec{F}_c \; .$$

Für das Drehmoment gilt daher

$$\vec{M}_d = 2r\vec{e}_z \times \vec{F}_c$$

$$\boxed{\vec{M}_d = -\vec{e}_y \frac{2n\mu_o i_o i_1 lar}{\pi(a^2+r^2)}} .$$

5.8.2 Die an c und d (Bild 5.14) angreifenden Kräfte $\vec{F}_c$ und $\vec{F}_d$ sind entgegengesetzt gleich und verursachen daher nur ein Drehmoment, aber keine Kraft auf die Spulenachse:

$$\boxed{F_s = 0} .$$

5.9 5.9.1 Auf jeden Leiter wirken drei Kraftanteile ein. Diese Anteile und die resultierenden Kräfte sind in Bild 5.15 dargestellt.

5.9.2 Auf den unteren Leiter wirken drei Kraft-Anteile:

$$\vec{F}_2 = \vec{F}'_{12} + \vec{F}''_{12} + \vec{F}_{32} . \quad (5.37)$$

Die Anteile $\vec{F}'_{12}$ und $\vec{F}''_{12}$ haben den Betrag

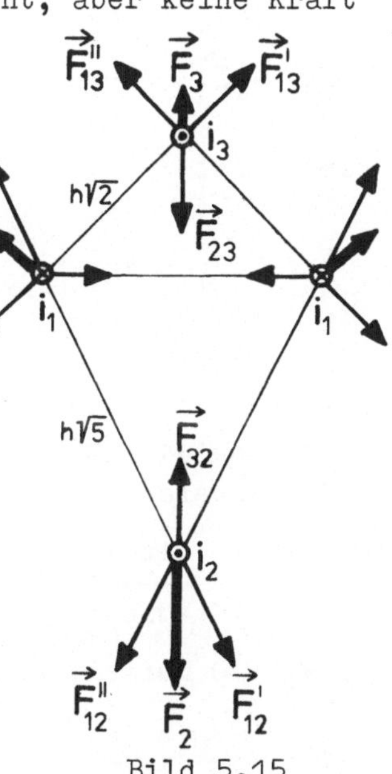

Bild 5.15

Kräfte zwischen vier langen, parallelen und stromdurchflossenen Leitern

$$F'_{12} = F''_{12} = |i_2| \cdot lB_{12} = \frac{l\mu_o |i_1 i_2|}{2\pi\sqrt{5}h} .$$

Die x-Komponenten der Vektoren $\vec{F}'_{12}$ und $\vec{F}''_{12}$ kompensieren sich gerade, so daß gilt

$$\vec{F}'_{12} + \vec{F}''_{12} = 2\,\vec{e}_y\,F'_{12y}\ .$$

Für die y-Komponente F'_{12y} gilt:

$$F'_{12y} = -\frac{2h}{\sqrt{5}h}\cdot\frac{l\mu_o i_1 i_2}{2\pi\sqrt{5}h} = -\frac{l\mu_o i_1 i_2}{5\pi h}\ .$$

Es wird also

$$\vec{F}'_{12} + \vec{F}''_{12} = -\frac{2}{5}\,\frac{l\mu_o i_1 i_2}{\pi h}\,\vec{e}_y\ . \qquad (5.38)$$

Außerdem ist

$$\vec{F}_{32} = \vec{e}_y i_2 l B_{32} = \vec{e}_y i_2 l\,\frac{\mu_o i_3}{2\pi\cdot 3h} = \frac{1}{6}\,\frac{l\mu_o i_2 i_3}{\pi h}\,\vec{e}_y\ . \qquad (5.39)$$

Setzt man die Gleichungen (5.38) und (5.39) in (5.37) ein, so ergibt sich als resultierende Kraft auf den unteren Leiter

$$\vec{F}_2 = \vec{e}_y\,\frac{l\mu_o i_2}{\pi h}\left(\frac{1}{6}\,i_3 - \frac{2}{5}\,i_1\right)\ .$$

Soll $\vec{F}_2 = 0$ werden, so muß also gelten

$$\frac{1}{6}\,i_3 - \frac{2}{5}\,i_1 = 0$$

$$\boxed{i_1/i_3 = 5/12}\ .$$

5.9.3 Die Kraft $\vec{F}_3$ auf den oberen Leiter wird ebenso wie die Kraft $\vec{F}_2$ berechnet.
Es ist

$$\vec{F}_3 = \vec{F}'_{13} + \vec{F}''_{13} + \vec{F}_{23} , \qquad (5.40)$$

wobei gilt

$$\vec{F}_{23} = - \vec{F}_{32} = - \frac{1}{6} \frac{l\mu_o i_2 i_3}{\pi h} \vec{e}_y .$$

Mit

$$F'_{13y} = \frac{h}{h\sqrt{2}} \frac{l\mu_o i_1 i_3}{2\pi h\sqrt{2}} = \frac{l\mu_o i_1 i_3}{4\pi h}$$

wird

$$\vec{F}'_{13} + \vec{F}''_{13} = \frac{\mu_o l i_1 i_3}{2\pi h} \vec{e}_y .$$

Setzt man diese Ergebnisse in Gleichung (5.40) ein, so ergibt sich

$$\vec{F}_3 = \vec{e}_y \frac{l\mu_o i_3}{\pi h} \left(\frac{i_1}{2} - \frac{i_2}{6} \right) .$$

Die Bedingung $\vec{F}_3 = 0$ führt demnach zu

$$i_1/2 - i_2/6 = 0$$

$$\boxed{i_1/i_2 = 1/3} .$$

b. Das Durchflutungsgesetz

A u f g a b e n

5.10 Durch zwei lange, gerade und parallele Leiter fließt jeweils der Strom i (vgl. Bild 5.16). Man berechne den Betrag und die Richtung der magnetischen Erregung $\vec{H}$ in der Ebene x = 0 als Funktion von y.

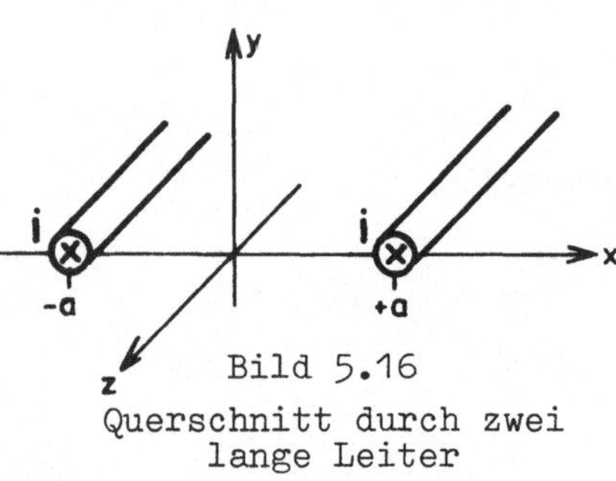

Bild 5.16
Querschnitt durch zwei lange Leiter

5.11 Im Innenleiter eines Koaxial-Kabels fließt der Strom i. Im Außenleiter fließt nur der Strom i/2 zurück (Bild 5.17). Man berechne die magnetische Flußdichte B_3 im Außenleiter.

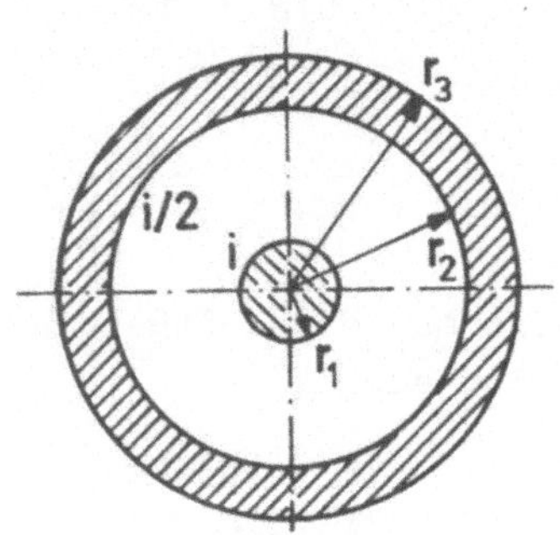

Bild 5.17
Koaxialkabel

5.12 Der Strom i fließt durch ein Rohr und verteilt sich gleichmäßig über den Rohrquerschnitt $r_1 \leq r \leq r_2$ (Bild 5.18). Man berechne die magnetische Erregung H für $r < r_1$, $r_1 \leq r \leq r_2$ und $r > r_2$ und stelle das Ergebnis grafisch dar.

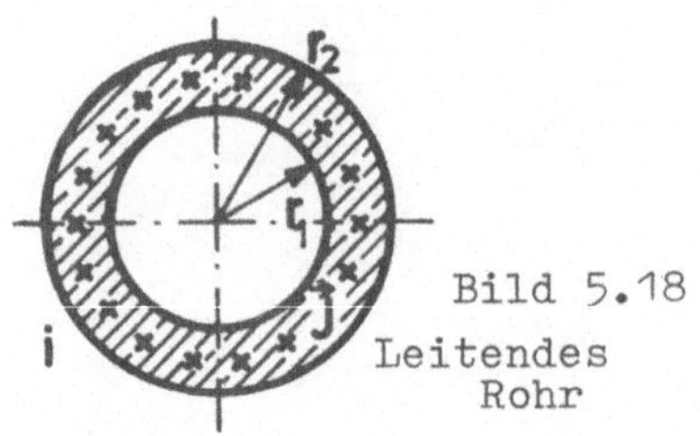

Bild 5.18
Leitendes Rohr

L ö s u n g e n

5.10 Für den Betrag des Erregungsvektors $\vec{H}_2$ gilt:

$$H_2 = \frac{|i|}{2\pi\sqrt{a^2+y^2}};$$

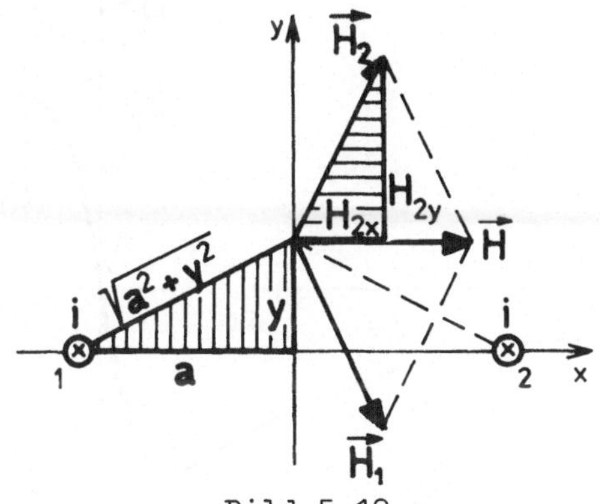

Bild 5.19
Zur Berechnung der magnetischen Erregung in der Ebene x = 0

für seine Komponente H_{2x} ergibt sich aus der Ähnlichkeit der beiden schraffierten Dreiecke in Bild 5.19:

$$H_{2x} = \frac{y}{\sqrt{a^2+y^2}} \frac{i}{2\pi\sqrt{a^2+y^2}} = \frac{iy}{2\pi(a^2+y^2)}.$$

Ebenfalls gilt

$$H_{1x} = \frac{y}{\sqrt{a^2+y^2}} \frac{i}{2\pi\sqrt{a^2+y^2}} = \frac{iy}{2\pi(a^2+y^2)}.$$

Die x-Komponente der resultierenden Erregung $\vec{H}$ ist also

$$H_x = H_{1x} + H_{2x} = \frac{i\,y}{(a^2+y^2)\pi}. \qquad (5.41)$$

Wegen $H_{2y} = -H_{1y}$ kompensieren sich die y-Komponenten von $\vec{H}_1$ und $\vec{H}_2$, $\vec{H}$ hat also nur eine x-Komponente:

$$\boxed{\vec{H} = \vec{e}_x \frac{iy}{\pi(a^2+y^2)}}.$$

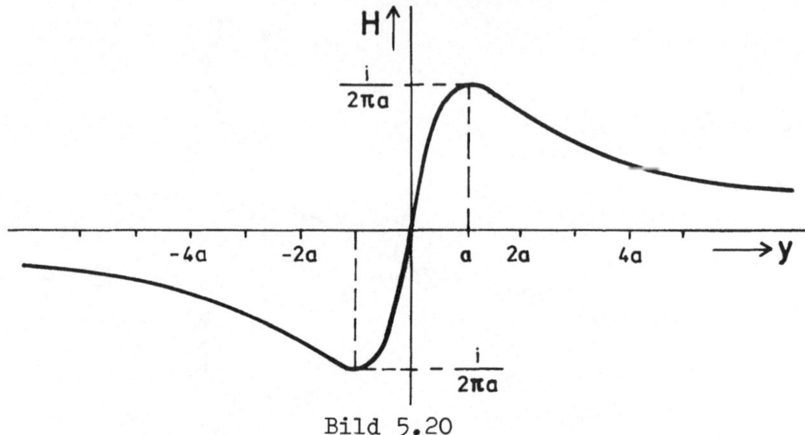

Bild 5.20
Die magnetische Erregung in der Ebene x = 0

In Bild 5.20 wird die magnetische Erregung H_x , die sich in der Ebene x = 0 ergibt, in Abhängigkeit von y dargestellt (in der Ebene x = 0 existiert nur die x-Komponente H_x der Erregung).

5.11 Im Außenleiter ergibt sich für die Stromdichte:

$$J_3 = \frac{i/2}{\pi(r_3^2 - r_2^2)} \quad .$$

Wendet man das Durchflutungsgesetz

$$\oint \vec{H} \cdot \vec{ds} = \int \vec{J} \cdot \vec{dA} \tag{5.42}$$

für einen konzentrischen Umlauf mit dem Radius r an ($r_3 \geq r \geq r_2$), so ergibt sich aus Gl. (5.42)

$$H_3 \cdot 2\pi r = i - J_3 \pi (r^2 - r_2^2),$$

und wegen

$$B_3 = \mu_0 H_3 \tag{5.43}$$

wird

$$\boxed{B_3 = \frac{\mu_0 i}{2\pi r} \, \frac{r_3^2 - r_2^2/2 - r^2/2}{r_3^2 - r_2^2} \quad (\text{für } r_2 \leq r \leq r_3)} \,. \tag{5.44}$$

Hierbei bezeichnet B_3 die Flußdichte, die dem Strom i im Innenleiter wie eine Rechtsschraube zugeordnet ist (vgl. Bild 5.21).

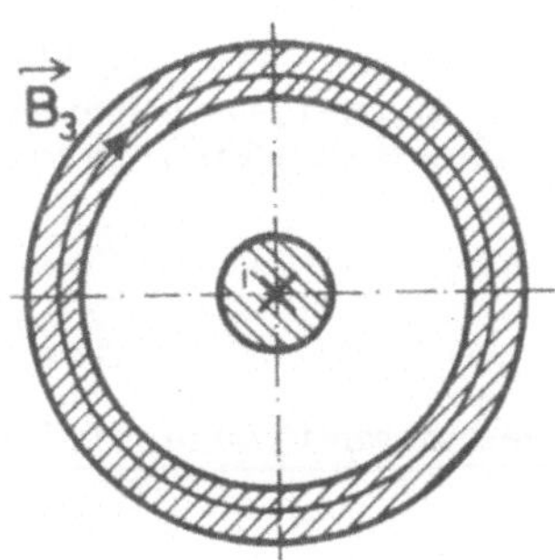

Bild 5.21
Rechtsschrauben-Zuordnung zwischen i und B_3

5.12 Die Anwendung des Durchflutungsgesetzes (5.42) ergibt in diesem Fall für die Erregung:

$$\boxed{\begin{aligned} H_1 &= 0 && (\text{für } r \leq r_1) \\ H_3 &= \frac{i}{2\pi r} \cdot \frac{r^2 - r_1^2}{r_2^2 - r_1^2} && (\text{für } r_1 \leq r \leq r_2) \\ H_4 &= \frac{i}{2\pi r} && (\text{für } r_2 \leq r) \end{aligned}} \,. \tag{5.45}$$

Hierbei bezeichnen H_1, H_3 und H_4 die tangentialen Erregungen, die dem Strom i wie eine Rechtsschraube zugeordnet sind.

Das Ergebnis (5.45) wird in Bild 5.22 dargestellt.

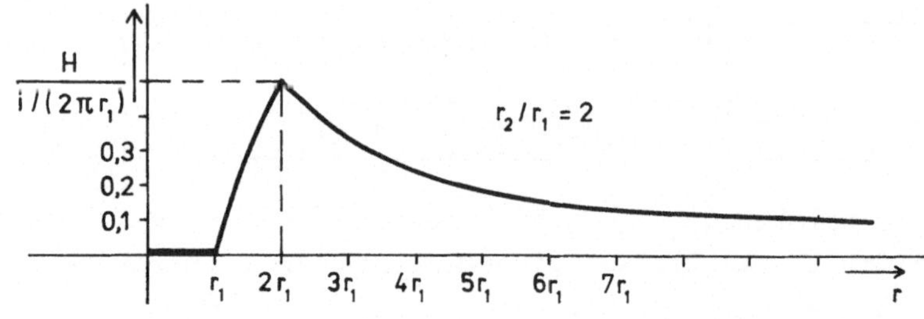

Bild 5.22
Magnetische Erregung innerhalb und außerhalb eines stromdurchflossenen Rohres

c. Der magnetische Fluß

A u f g a b e n

5.13 Die Achsen zweier langer gerader Leiter liegen in der Ebene y = 0 an den Stellen x = a und x = - a (Bild 5.23).

5.13.1 Die Ströme i_1 und i_2 seien gegeben. Man berechne die magnetische Erregung $H_y(x)$ in der Ebene y = 0 im Bereich

$$-a+r_o < x < a-r_o \,.$$

5.13.2 Wie groß ist der magnetische Fluß Φ durch das schraffierte Rechteck?

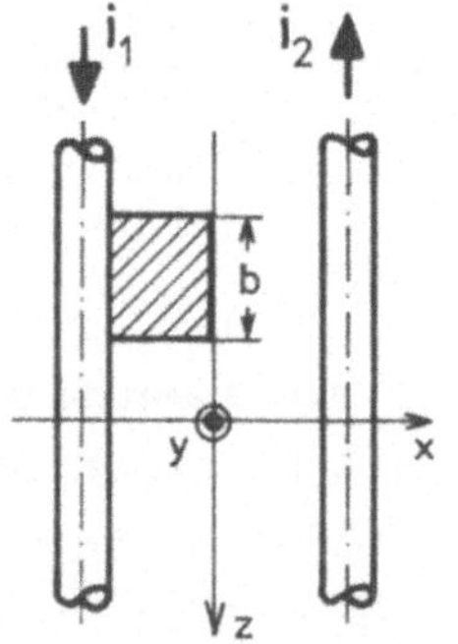

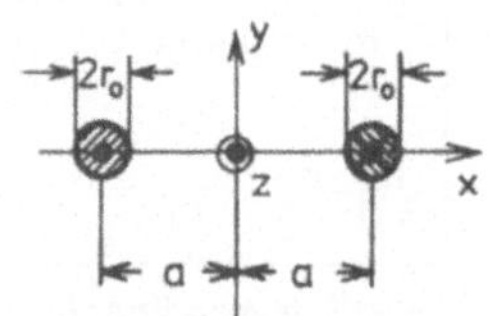

Bild 5.23
Aufsicht und Querschnitt einer Doppelleitung

Man berechne Φ allgemein und für folgende Zahlenwerte:

$a = 1{,}59$ cm ; $b = 1$ cm ; $r_o = 0{,}1$ cm; $i_1 = 1$A ; $i_2 = 2$A .

5.14 Die Achse eines langen geraden Leiters sei zugleich x-Achse eines Koordinatensystems (Bild 5.24) . Durch den Leiter fließt der Strom i . In der Ebene $z = z_1$ liegt ein Rechteck mit den Seitenlängen Δx und Δy . Die Koordinaten der Eckpunkte des Rechteckes sind:

$-\Delta x,\ y_1,\ z_1;$
$-\Delta x,\ y_1+\Delta y,\ z_1;$
$o,\ y_1,\ z_1;$
$o,\ y_1+\Delta y,\ z_1.$

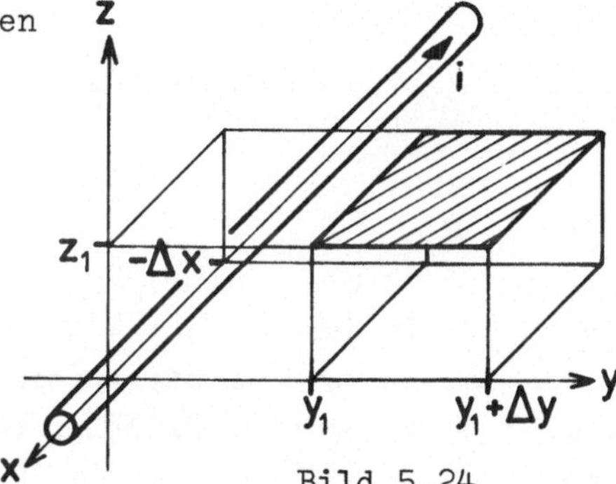

Bild 5.24
Zur Berechnung des Flusses durch eine Rechteckfläche in der Nähe eines langen geraden Drahtes

Man berechne den magnetischen Fluß Φ durch das Rechteck in Abhängigkeit von den Größen i , y_1 , z_1 , Δx und Δy .

5.15 Um einen langen geraden Draht, durch den ein Gleichstrom i = 2 A fließt, liegt konzentrisch ein Ring mit dreieckigem Querschnitt; vgl. Bild 5.25. Es ist r_a = 2 cm, r_i = 1 cm und h = 1 cm. Die Permeabilitätskonstante des Ringes und des Außenraumes ist μ_0 .
Man berechne den magnetischen Fluß im Ring.

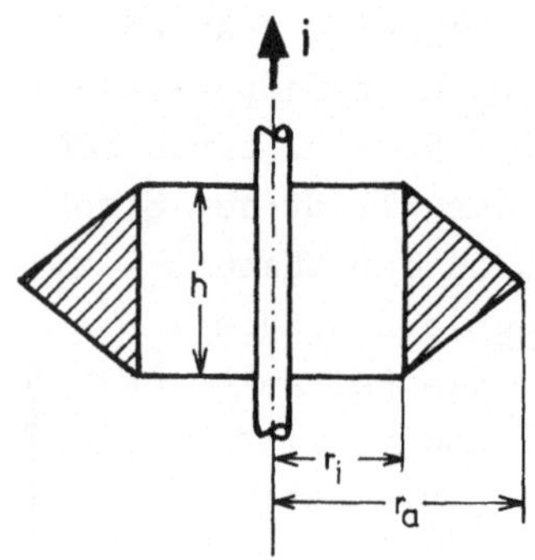

Bild 5.25
Gerader Leiter mit konzentrischem Ring

L ö s u n g e n

5.13 5.13.1 In der Ebene y = 0 haben der von i_1 und der von i_2 verursachte Anteil der Erregung nur eine y-Komponente. Zwischen beiden Leitern gilt daher:

$$H_y = H_{y1} + H_{y2} = \frac{i_1}{2\pi(a+x)} + \frac{i_2}{2\pi(a-x)}$$

$$\boxed{H_y = \frac{1}{2\pi}\left[\frac{i_1}{a+x} + \frac{i_2}{a-x}\right] \quad \text{für} \quad -a+r_0 < x < a-r_0} \; . \quad (5.46)$$

5.13.2 Aus Gleichung (5.46) folgt:

$$B_y = \frac{\mu_0}{2\pi}\left(\frac{i_1}{a+x} + \frac{i_2}{a-x}\right) \quad \text{für } -a+r_0 < x < a-r_0 \quad .$$

Aus der Integration dieser Flußdichte ergibt sich für den magnetischen Fluß

$$\Phi = \int_A \vec{B}\cdot\vec{dA} \tag{5.47}$$

in diesem Fall (da $\vec{B}$ und $\vec{dA}$ auf der ganzen Integrationsfläche gleich gerichtet sind, falls man festsetzt $\vec{dA} = \vec{e_y}\, dA$)

$$\Phi = \int_A B_y\, dA = \frac{\mu_0}{2\pi}\int_{-a+r_0}^{0}\left[\frac{i_1}{a+x} + \frac{i_2}{a-x}\right]\cdot b\cdot dx$$

$$\Phi = \frac{\mu_0 b}{2\pi}\int_{-a+r_0}^{0}\left[\frac{i_1\, dx}{a+x} + \frac{i_2\, dx}{a-x}\right] \tag{5.48}$$

$$\boxed{\Phi = \frac{\mu_0 b}{2\pi}\left[i_1 \ln\frac{a}{r_0} + i_2 \ln\frac{2a-r_0}{a}\right]}$$

$$\Phi = \frac{4\pi\, 10^{-7}\ \text{Vs}\cdot 10^{-2}\ \text{m}}{\text{Am}\ 2\pi}\left(1\text{A}\cdot\ln 15{,}9 + 2\text{A}\cdot\ln 1{,}94\right)$$

$$\boxed{\Phi = 2\cdot 10^{-9}\ \text{Vs}\ (2{,}8 + 1{,}32) = 8{,}2\cdot 10^{-9}\ \text{Vs}} \quad .$$

5.14 In Bild 5.26 wird veranschaulicht, daß durch die Fläche A' derselbe Fluß hindurchtritt wie durch die gegebene Fläche A. Für die (tangentiale) Flußdichte gilt

$$B(r) = \frac{\mu_0\, i}{2\pi r} \tag{5.49}$$

und damit

$$\Phi = \int_{r_1}^{r_2} B(r)\cdot \Delta x \, dr = \frac{\mu_0 i \,\Delta x}{2\pi}\int_{r_1}^{r_2}\frac{dr}{r}$$

$$\Phi = \frac{\mu_0 i \,\Delta x}{2\pi} \ln \frac{r_2}{r_1} \quad . \tag{5.50}$$

Hierbei ist

$$r_2 = \sqrt{(y_1 + \Delta y)^2 + z_1^{\,2}}$$

und

$$r_1 = \sqrt{y_1^{\,2} + z_1^{\,2}} \quad .$$

Setzt man dies in Gl. (5.50) ein, so erhält man

$$\boxed{\Phi = \frac{\mu_0 i \,\Delta x}{4\pi} \ln \frac{(y_1 + \Delta y)^2 + z_1^{\,2}}{y_1^{\,2} + z_1^{\,2}}} \quad .$$

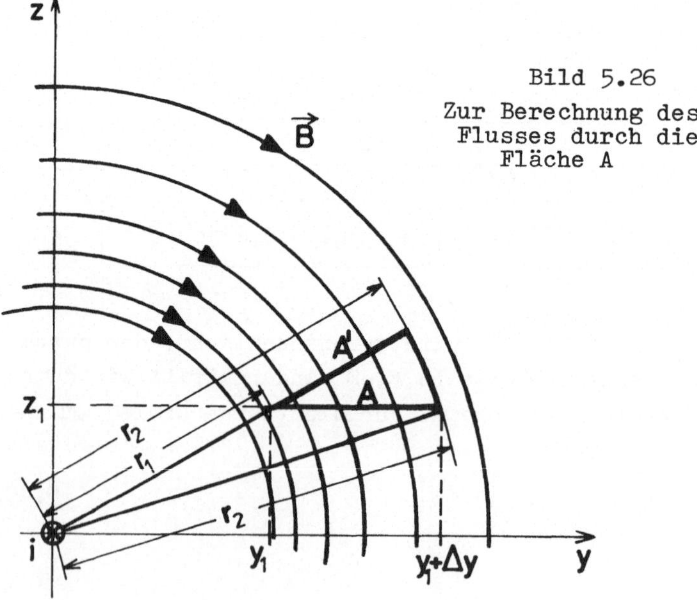

Bild 5.26
Zur Berechnung des Flusses durch die Fläche A

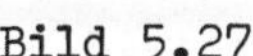

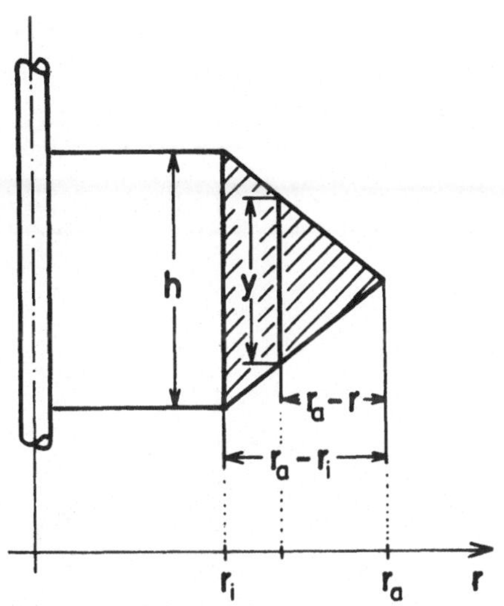

Bild 5.27

Zur Berechnung eines Flächenelementes für die Integration der Flußdichte

5.15 Für den magnetischen Fluß gilt

$$\Phi = \int_{\triangle} \vec{B} \cdot d\vec{A} = \int_{\triangle} B \, dA \quad .$$

Hierbei ist

$$B = \frac{i \mu_0}{2 \pi r}$$

und (vergleiche Bild 5.27)

$$dA = y \cdot dr = \frac{r_a - r}{r_a - r_i} h \, dr \quad .$$

Damit wird

$$\Phi = \int_{r_i}^{r_a} \frac{i \mu_0}{2 \pi r} \cdot \frac{r_a - r}{r_a - r_i} \, h \, dr = \frac{i \mu_0 h}{2\pi (r_a - r_i)} \left[\int_{r_i}^{r_a} \frac{r_a}{r} \, dr - \int_{r_i}^{r_a} dr \right]$$

$$\boxed{\Phi = \frac{i \mu_0 h}{2 \pi (r_a - r_i)} \left(r_a \ln \frac{r_a}{r_i} - (r_a - r_i) \right)}$$

$$\Phi = \frac{2A \cdot 4\pi \cdot 10^{-7} Vs \cdot 1cm}{Am \cdot 2\pi \cdot 1cm} (2cm \cdot \ln 2 - 1cm)$$

$$\boxed{\Phi = 4 \cdot 10^{-9} Vs\ (2\ln 2 - 1) \approx 1{,}55 \cdot 10^{-9} Vs} .$$

d. Bewegung eines Ladungsträgers im Magnetfeld

A u f g a b e n

5.16 Ein Elektron tritt mit der Geschwindigkeit $\vec{v}$ in x-Richtung in einen Plattenkondensator ein, an dem die Spannung u liegt. Im Vakuum zwischen den Platten befindet sich ein homogenes Magnetfeld $\vec{B}$, dessen Feldlinien in y-Richtung verlaufen; vgl. Bild 5.28.

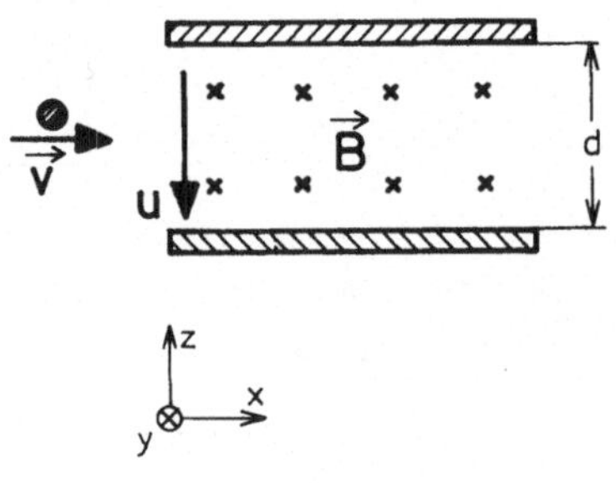

Bild 5.28
Elektron im elektromagnetischen Feld

Wie groß muß v sein, damit das Elektron den Kondensator geradlinig (in x-Richtung) durchfliegt ?

5.17 Ein homogenes Magnetfeld $\vec{B}$ steht senkrecht zur x,y-Ebene. Ein Elektron bewegt sich in der Ebene z = 0 und fliegt an der Stelle $x = x_1$; y = 0 zur Zeit t=0 in das Feld.

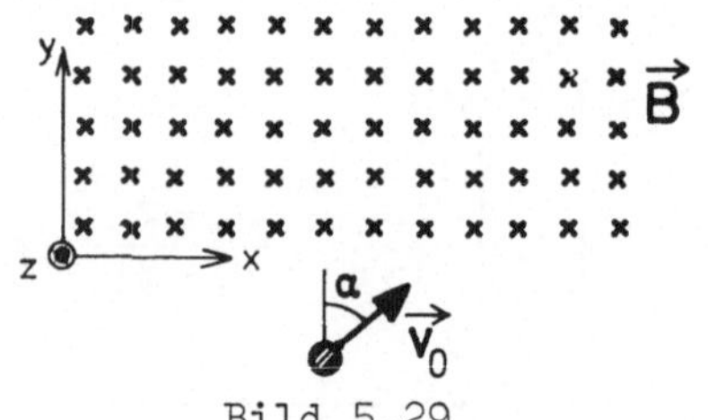

Bild 5.29
Elektron im elektromagnetischen Feld

Die Eintrittsgeschwindigkeit $\vec{v}_0$ des Elektrons hat den Betrag v_0 und den Winkel α gegen die y-Achse, vgl. Bild 5.29.

5.17.1 Das Elektron bewegt sich im Magnetfeld auf einer Kreisbahn. Man leite die Formel für den Radius des Bahnkreises ab.

5.17.2 Das Magnetfeld sei in positiver x- und y-Richtung unbegrenzt. Nach welcher Zeit t_2 und an welcher Stelle x_2 verläßt das Elektron das Magnetfeld wieder?

5.17.3 Das Magnetfeld sei in positiver x-Richtung unbegrenzt und reicht in y-Richtung von $y = 0$ bis $y = d$. Wie groß muß v_0 in Abhängigkeit von B, d und α mindestens sein, damit das Elektron das Magnetfeld an der Stelle $y = d$ verläßt ?

L ö s u n g e n

5.16 Das elektrische Feld bewirkt auf das Elektron die Kraft (vgl. Bild 5.30)

$$\vec{F}_1 = - e\vec{E}$$

$$\vec{F}_1 = \vec{e}_z \cdot e\frac{u}{d},$$

das magnetische Feld bewirkt die Kraft

$$\vec{F}_2 = - e\vec{v} \times \vec{B} \qquad (5.51)$$

$$\vec{F}_2 = - \vec{e}_z \cdot evB .$$

Insgesamt bewirken die beiden Felder auf das Elektron also die Kraft

$$\vec{F} = \vec{F}_1 + \vec{F}_2 = \vec{e}_z \cdot e \cdot (\frac{u}{d} - vB) \; .$$

Das Elektron behält seine ursprüngliche Bewegungsrichtung bei, wenn das elektromagnetische Feld es nicht in z-Richtung ablenkt, wenn also $\vec{F} = 0$ wird, d.h. wenn gilt

$$u/d = vB$$

$$\boxed{v = \frac{u}{Bd}} \; .$$

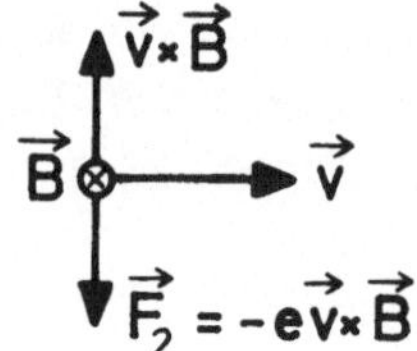

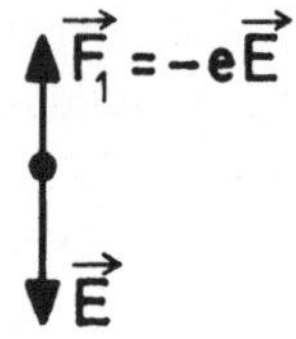

Bild 5.30
Kräfte auf ein
Elektron im elektromagnetischen Feld

5.17 5.17.1 Beim Flug durch das Magnetfeld wirkt auf das Elektron senkrecht zur Bewegungsrichtung ($\vec{v}$) die Kraft

$$\vec{F} = - e\vec{v} \times \vec{B} \qquad (5.51)$$

(vgl. Bild 5.31).
Das Elektron wird also nicht in der Bewegungsrichtung beschleunigt, so daß der Betrag

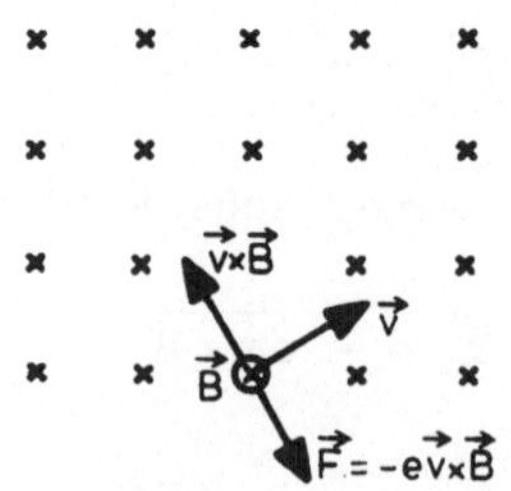

Bild 5.31
Radialkraft auf das Elektron

seiner Geschwindigkeit konstant bleibt und es sich auf einer Kreisbahn bewegt. Für den Betrag der Kraft $\vec{F}$ gilt:

$$F = e\,|vB|\,, \tag{5.52}$$

und für die Radialbeschleunigung:

$$b = F/m = \frac{e}{m}\,|vB|$$

$$b = \frac{e}{m}\,|vB|\,. \tag{5.53}$$

Da bei der Bewegung einer Masse auf einer Kreisbahn zwischen Radialbeschleunigung b und Tangentialgeschwindigkeit v die Beziehung

$$b = v^2/r \tag{5.54}$$

gilt, ergibt sich als Radius der Kreisbahn des Elektrons

$$r = \frac{v}{B}\cdot\frac{m}{e}\,. \tag{5.55}$$

Da der Betrag der Geschwindigkeit konstant ist (d.h. : da die Anfangsgeschwindigkeit v_o während der Bewegung im Feld unverändert bleibt), kann in der Gl. (5.55) v durch v_o ersetzt werden:

$$\boxed{r = \frac{v_o}{B}\cdot\frac{m}{e}}\,. \tag{5.56}$$

5.17.2 Das Elektron tritt an der Stelle x_1 ins Feld ein, an der Stelle x_2 tritt es aus (Bild 5.32). Es ist

$$x_2 = x_1 + 2r\cdot\cos\alpha$$

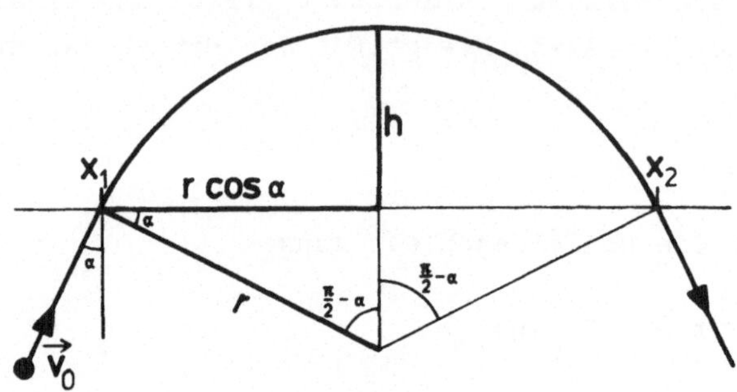

Bild 5.32
Kreisbahn eines Elektrons im Magnetfeld

$$\boxed{x_2 = x_1 + 2\frac{v_o}{B}\frac{m}{e}\cos\alpha} \ .$$

Zwischen Ein- und Austritt legt das Elektron den Weg

$$(\pi - 2\alpha)r$$

mit der konstanten Geschwindigkeit v_o zurück, und es braucht hierzu die Zeit t_2 :

$$v_o t_2 = (\pi - 2\alpha)r \ .$$

Mit Gl. (5.56) wird dann

$$\boxed{t_2 = \frac{(\pi - 2\alpha)}{B}\frac{m}{e}} \ .$$

Das heißt: die Zeit, während der sich das Elektron im Feld befindet, hängt nicht von der Eintrittsgeschwindigkeit v_o ab.

5.17.3 Das Elektron durchdringt das Feld, falls

$$h > d$$

ist. Aus dieser Forderung folgt wegen

$$h = r(1-\sin\alpha)$$

die Bedingung

$$r(1-\sin\alpha) > d$$

$$\frac{v_o}{B}\,\frac{m}{e}(1-\sin\alpha) > d$$

$$\boxed{v_o > \frac{B \cdot d}{1-\sin\alpha}\,\frac{e}{m}}\;.$$

6. ZEITLICH VERÄNDERLICHE MAGNETFELDER. DIE ENERGIE IM MAGNETFELD

a. Anwendung des Induktionsgesetzes auf homogene Felder

A U F G A B E N

6.1 Eine Leiterschleife umschließt eine ebene Fläche von der Größe A und ist mit einem homogenen (d.h. vom Ort unabhängigen) Feld verkettet. Die Flußdichte ist

$$B = \hat{B}e^{-\alpha t} \sin \omega t ,$$

und die Feldlinien sind um den Winkel β gegen die Flächennormale geneigt. Welchen Betrag hat die Spannung, die in der Schleife ensteht ? ($\hat{B}$ ist positiv.)

6.2 Der Betrag der Flußdichte $\vec{B}$ eines zylindrisch begrenzten, homogenen Magnetfeldes sinkt während der Zeit t_o linear vom Maximalwert B_o auf den Wert Null ab (Bild 6.1). Welche Kraft wirkt hierbei auf ein ruhendes Elektron, das sich im Magnetfeld befindet?

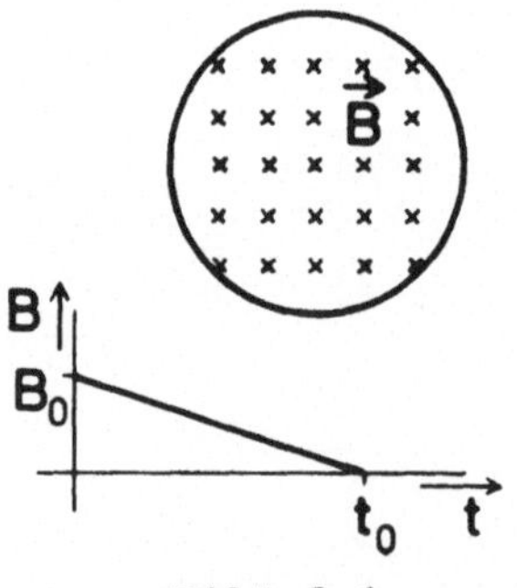

Bild 6.1
Homogenes zeitabhängiges Magnetfeld

6.3 Ein dünner leitender Ring fällt im Ringspalt eines zylindersymmetrischen Dauermagneten abwärts (Bild 6.2). Der Betrag der radial gerichteten Flußdichte $\vec{B}$ darf innerhalb des dünnen Ringes als konstant angenommen werden. Die Leitfähigkeit des Ringes sei $\varkappa$, seine Dichte γ. Die Selbstinduktion des fallenden Ringes soll vernachlässigt werden.

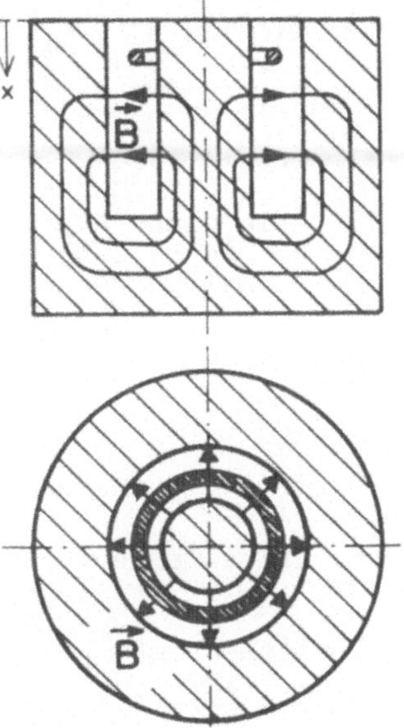

Bild 6.2
Leitender Ring im Feld eines Zylindermagneten

6.3.1 Man berechne die Beschleunigung b des Ringes in Abhängigkeit von seiner Geschwindigkeit v .

6.3.2 Welcher Endgeschwindigkeit v_{end} nähert sich der fallende Ring ?

6.3.3 Der Ring bestehe aus Kupfer (Leitfähigkeit des Kupfers: $\varkappa_{cu} \approx 5{,}7 \cdot 10^7$ S/m; Dichte des Kupfers: $\gamma_{cu} \approx 8{,}8$ g/cm^3).
Der Betrag der magnetischen Flußdichte ist $B = 0{,}4$ T . Wie groß ist v_{end} ?

6.4 Ein dünnwandiges Kupferrohr mit der Länge l und dem Radius r rotiert mit der Winkelgeschwindigkeit ω in dem radialen Feld eines zylindersymmetrischen Dauermagneten (Bild 6.3). In dem dünnen Blech des rotierenden Kupferrohres kann das Magnetfeld als homogen angesehen werden und habe den Betrag B .

6.4.1 Wie groß ist die Spannung u zwischen den Rohrenden ?

6.4.2 Man berechne u für $r = 2\,\text{cm}$, $\omega = 314\ \text{s}^{-1}$, $B = 0{,}2\,\text{T}$, $l = 5\,\text{cm}$.

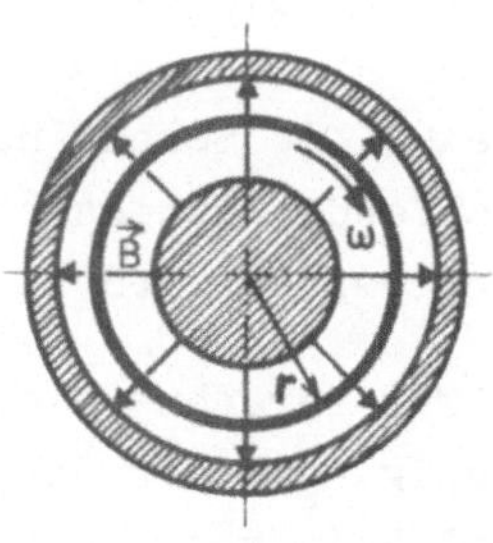

Bild 6.3
Rotierendes Kupferrohr im Feld eines Zylindermagneten

6.5 Eine Leiterschleife von der Form eines gleichschenkligen Dreiecks tritt zur Zeit $t = 0$ an der Stelle $x = 0$ mit der Geschwindigkeit $v\vec{e}_x$ in das homogene Magnetfeld $\vec{B}$ ein (Bild 6.4). Das Magnetfeld steht senkrecht auf der Fläche der Leiterschleife und ist zeitabhängig:

$$\vec{B} = \hat{B} \cdot \sin \omega t \cdot \vec{e}_z \ .$$

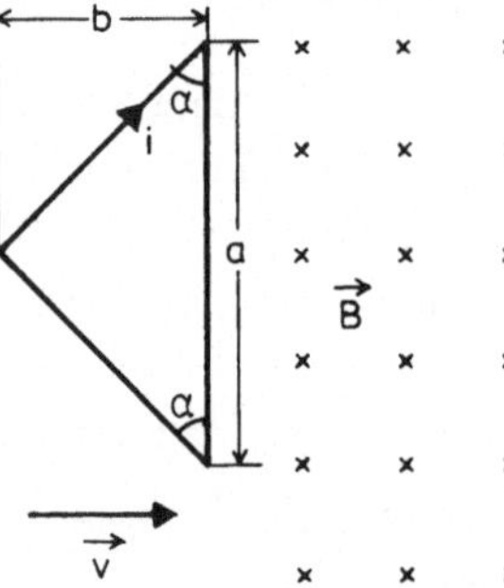

Die Schleife hat den ohmschen Widerstand R, ihre Selbstinduktivität sei vernachlässigbar. Außerdem sei das Magnetfeld im Bereich positiver x-Werte unbegrenzt. Man berechne $i(t)$ für $t \geq 0$.

Bild 6.4
Eintritt einer Leiterschleife in ein homogenes, zeitabhängiges Magnetfeld

6.6 Eine rechteckige Spule mit der Fläche A und der Windungszahl n wird in einem homogenen, zeitkonstanten Magnetfeld B gleichmäßig mit der Drehzahl f gedreht; die Drehachse steht senkrecht zum Feld. Die beiden Enden der Spule werden über einen Widerstand R miteinander verbunden. Die Selbstinduktion der rotierenden Spule soll vernachlässigt werden.

6.6.1 Wie groß ist der Strom i(t) in der Spule ?

6.6.2 Man berechne das Drehmoment M(t), mit dem die Spule angetrieben werden muß.

6.6.3 Wie groß ist die Antriebsleistung P(t) ?

6.6.4 Man berechne i(t), M(t) und P(t) für die Zahlenwerte

$A = 10\,\text{cm}^2$; $n = 10$; $f = 50/\text{s}$; $B = 0{,}01\ \text{T}$;
$R = 10\,\Omega$.

6.7 Eine Leiterschleife hat die Form eines Kreises mit dem Radius r. Sie tritt zur Zeit t = 0 in das homogene Magnetfeld $\vec{B}$ ein und hat die konstante Geschwindigkeit v in positiver x-Richtung (Bild 6.5). Das Magnetfeld steht senkrecht auf der Fläche der Leiterschleife.
Die Selbstinduktivität der Schleife sei vernachlässigbar, ihr Widerstand ist R. Man berechne i(t).

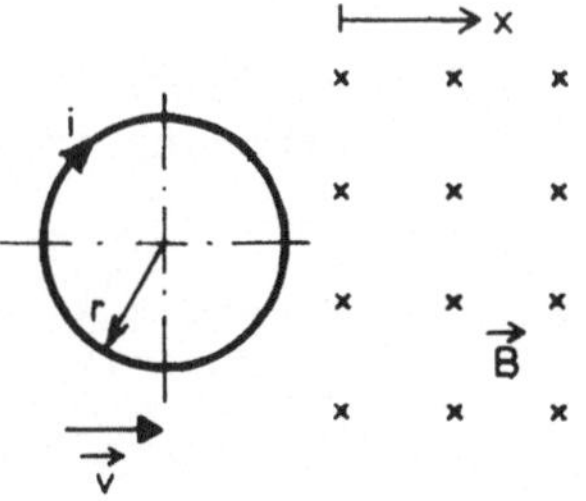

Bild 6.5
Eintritt eines leitenden Ringes in ein homogenes Magnetfeld

6.8 Ein Metallstab gleitet auf zwei leitenden Schienen. Senkrecht durch die Ebene der hierdurch gebildeten Leiterschleife tritt das homogene Magnetfeld $\vec{B}$. Zur Zeit $t = 0$ befindet sich der Stab an der Stelle $x = b$ (Bild 6.6).

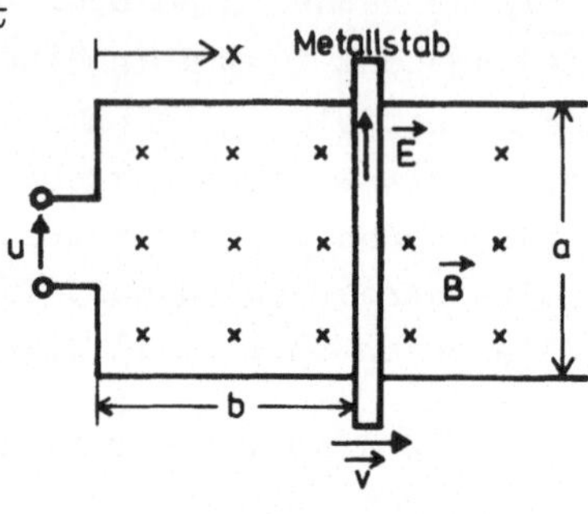

Bild 6.6
Bewegung eines Metallstabes im homogenen Magnetfeld

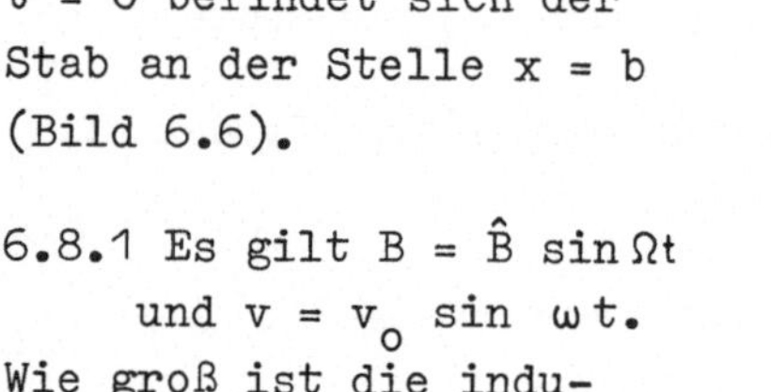

6.8.1 Es gilt $B = \hat{B} \sin \Omega t$ und $v = v_0 \sin \omega t$. Wie groß ist die induzierte Spannung u ?

6.8.2 Man berechne die Spannung für die Sonderfälle

a. $v = \text{konst.}$; $B = \text{konst.}$

b. $v = v_0 \sin \omega t$; $B = \text{konst.}$

c. $v = 0$; $B = \hat{B} \sin \Omega t$

d. $v = \text{konst.}$; $B = \hat{B} \sin \Omega t$.

6.8.3 Man berechne aus dem Ergebnis der Aufgabe 6.8.1 die Spannung im Sonderfall $\omega = \Omega$.

Lösungen

6.1 Mit der Leiterschleife ist folgender Fluß verkettet:

$$\Phi = \int_A \vec{B} \cdot d\vec{A} = \int_A B dA \cdot \cos \beta = B \cos \beta \int_A dA$$

$$\Phi = BA \cdot \cos \beta = A\hat{B}e^{-\alpha t} \cdot \sin \omega t \cdot \cos \beta .$$

Der Betrag der induzierten Spannung ist

$$|u| = |d\Phi /dt| \tag{6.1}$$

$$\boxed{|u| = A\hat{B}e^{-\alpha t}\,|\cos\beta\,(\omega\cos\omega t - \alpha\sin\omega t)|}\ .$$

6.2 Man kann innerhalb des gegebenen Magnetfeldes das Induktionsgesetz

$$\oint \vec{E}\cdot d\vec{s} = -\,d\Phi /dt \tag{6.2}$$

auf einem Kreis mit dem Radius r anwenden, der konzentrisch zur Begrenzung des Magnetfeldes liegt (Bild 6.7).

Aufgrund der Zylindersymmetrie des gegebenen Feldes fällt dann der Integrationsweg mit einer elektrischen Feldlinie zusammen. Auf dem so gewählten Integrationsweg stimmt also die Richtung von $\vec{E}$ mit der von $d\vec{s}$ in jedem Punkt überein (d.h. $\vec{E}$ ist überall tangential gerichtet); daher gilt:

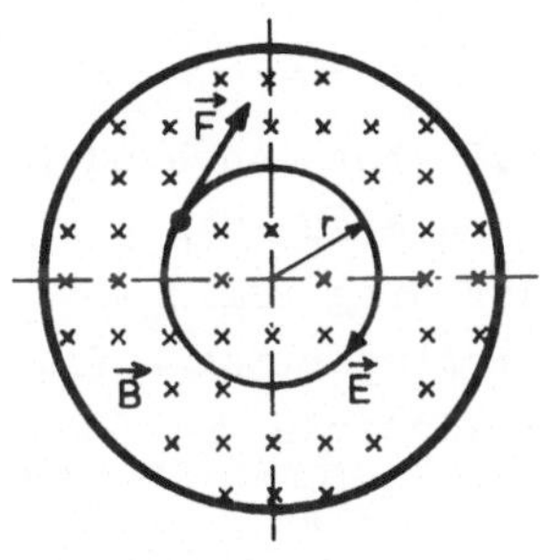

Bild 6.7
Zur Wahl des Integrationsweges bei der Anwendung des Induktionsgesetzes

$$\oint \vec{E}\cdot d\vec{s} = \oint E ds = 2\pi rE\ .$$

Damit vereinfacht sich das Induktionsgesetz (6.2) zu

$$2\pi rE = -\,d\Phi /dt$$

$$2\pi rE = -\,A\cdot dB/dt = AB_o/t_o\ .$$

Hierbei ist A die vom Integrationsweg umschlossene Fläche:

$$A = \pi r^2 \quad .$$

Also wird

$$2\pi r E = \pi r^2 B_o/t_o$$

$$E = \frac{B_o}{2t_o} r \quad ,$$

und auf ein Elektron im Abstand r von der Mittelachse wirkt die Kraft

$$\vec{F} = -e\vec{E}$$

$$\boxed{|\vec{F}| = e\frac{B_o}{2t_o} r} \quad .$$

6.3 Auf den Ring wirkt die Schwerkraft $m g$ (m = Masse des Ringes, g = Erdbeschleunigung): der Ring fällt abwärts. Während des Falles induziert das Magnetfeld im Ring die elektrische Feldstärke $E = v B$ und damit den Strom

$$i = A J = A\varkappa E$$

$$i = A\varkappa v B \qquad (6.3)$$

(J = Stromdichte im Ring, A = Ringquerschnitt). Auf den Ring wirkt außer der Schwerkraft auch eine magnetische Kraft. Diese Kraft kann leicht berechnet werden, weil der Strom i und die magnetische Flußdichte B überall im Ring senkrecht zueinander stehen. Deshalb ist die Kraft, die auf jedes Längenelement des Ringes wirkt, gleich groß und gleich gerichtet Für die magnetische Kraft auf den Ring gilt daher (ebenso wie sonst für den langen, geraden Leiter im homogenen Magnetfeld): $F_m = liB$. Hierbei bezeichnet l die Länge des Ringes. Die magnetische Kraftkomponente F_m wirkt der Bewegungsursache, d.h. der Schwerkraft, entgegen. Insgesamt wirkt auf den Ring also die Kraft

$$F_x = mg - liB \ . \tag{6.4}$$

Setzt man die Gleichung (6.3) in (6.4) ein, so entsteht

$$F_x = mg - lA\varkappa vB^2$$

und mit $m = lA\gamma$

$$F_x = m\left[g - vB^2 \varkappa/\gamma\right] \ . \tag{6.5}$$

6.3.1 Für die Beschleunigung $b = \ddot{x}$ des Ringes gilt

$$\ddot{x} = F_x/m$$

$$\ddot{x} = g - vB^2 \varkappa/\gamma$$

$$\boxed{\ddot{x} = g - \dot{x}B^2 \varkappa/\gamma} \ . \tag{6.6}$$

Die Beschleunigung $\ddot{x}$ des Ringes hängt also u.a. von seiner Geschwindigkeit $\dot{x}$ ab; die Gleichung (6.6), die diesen Zusammenhang beschreibt, nennt man eine Differentialgleichung. Sie zeigt auch, daß die Leitfähigkeit $\varkappa$ des Ringes und die magnetische Flußdichte B seine Beschleunigung vermindern: je größer B und $\varkappa$ sind, desto mehr wird der Ring gebremst.

6.3.2 Seine Endgeschwindigkeit v_{end} hat der Ring dann erreicht, wenn er nicht mehr beschleunigt wird, d.h. für

$$\ddot{x} = 0 \; . \tag{6.7}$$

In diesem Grenzfall nimmt Gl. (6.6) folgende Gestalt an:

$$0 = g - v_{end} \, B^2 \, \varkappa/\gamma \quad ;$$

und es wird

$$\boxed{v_{end} = \frac{g}{B^2} \frac{\gamma}{\varkappa}} \; . \tag{6.8}$$

Anmerkung:

Die Endgeschwindigkeit ergibt sich auch aus dem Energiesatz: Für die elektrische Leistung gilt

$$P_e = Ri^2 \; ,$$

für die mechanische Leistung

$$P_m = mgv \; .$$

Im Endzustand sind v und i konstant, so daß gilt

$$Ri^2_{end} = mgv_{end} \; .$$

Daraus folgt wegen Gleichung (6.3) und

$$R = \frac{l}{A\varkappa}$$

die Beziehung

$$\frac{l}{A\varkappa} A^2 \varkappa^2 v^2_{end} \, B^2 = lA\gamma \, g \, v_{end} ,$$

also ebenfalls wieder

$$v_{end} = \frac{g}{B^2} \frac{\gamma}{\varkappa} \; . \tag{6.8}$$

6.3.3 Für die genannten Zahlenwerte wird

$$v_{end} = \frac{8,8g}{cm^3}\,\frac{\Omega\,m}{5,7\cdot 10^7}\,\frac{9,81m}{s^2}\,\frac{1}{0,16\,T^2} .$$

Hierbei ist

$$1\,T = 1\,Vs/m^2 , \qquad (6.9)$$

und aus $1N = 1\,VAs/m = 1kg\cdot m/s^2$

folgt

$$1g = 10^{-3}\,VAs^3/m^2 . \qquad (6.10)$$

Damit ist

$$v_{end} = \frac{8,8\cdot 9,81}{5,7\cdot 16}\,cm/s$$

$$\boxed{v_{end} \approx 0,95\,cm/s} .$$

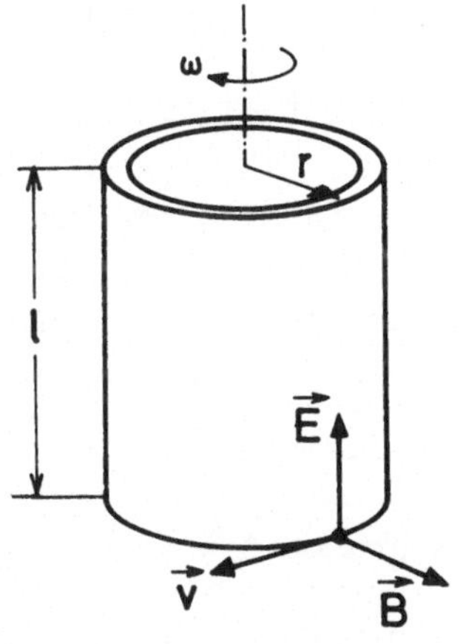

Bild 6.8

Zur Berechnung der elektrischen Feldstärke im rotierenden Rohr

6.4 6.4.1 Wenn sich eine Ladung mit der Geschwindigkeit v senkrecht durch ein Magnetfeld (Betrag B) bewegt, so wirkt auf sie die elektrische Feldstärke E (Bild 6.8):

$$E = vB \qquad (6.11)$$

$$E = \omega rB .$$

Die Spannung zwischen den Rohrenden ist also

$$u = El \qquad (6.12)$$

$$\boxed{u = \omega rlB} . \qquad (6.13)$$

6.4.2 Mit den gegebenen Zahlenwerten wird

$$u = \frac{314}{s} \cdot 2\text{cm} \cdot 2 \cdot 10^{-5} \cdot \frac{\text{Vs}}{\text{cm}^2} \cdot 5\text{cm}$$

$$\boxed{u = 62{,}8 \text{ mV}} \quad .$$

6.5 Da das Magnetfeld homogen ist, ergibt sich für den Fluß, der mit der Leiterschleife verkettet ist:

$$\Phi = A\,B \; . \qquad (6.14)$$

Hierbei ist A der Teil der Dreiecksfläche, der sich im Magnetfeld befindet und B ist die z-Komponente der magnetischen Flußdichte:

$$B = \hat{B} \sin \omega t \quad . \qquad (6.15)$$

Die Grundseite des Dreiecks hat nach der Zeit t die Stelle $x = vt$ erreicht. Nach der Zeit $t_1 = b/v$ ist das Dreieck ganz in das Magnetfeld eingedrungen. Während des Eindringens (Bild 6.9) gilt also

$$0 \leq t \leq b/v \; ,$$

und danach ist

$$b/v \leq t \quad .$$

Während des Eintauchens ins Magnetfeld gilt $h/a = (b-vt)/b$; die in Bild 6.9 schraffierte Fläche hat demnach die Größe

$$A = \frac{ab}{2} - \frac{(b-vt)h}{2} \quad (0 \leq vt \leq b)$$

$$A = \frac{1}{2} ab \left[1-(1-vt/b)^2\right] \quad (0 \leq vt \leq b) .$$

Setzt man dies und Gl. (6.15) in (6.14) ein, so wird

$$\Phi = \frac{1}{2} ab \left[1-(1-vt/b)^2\right] \hat{B} \sin \omega t \quad (0 \leq vt \leq b). \tag{6.16}$$

Wird der Strom im gleichen Sinne wie in Bild 6.4 positiv gezählt, so gilt:

$$iR = u = - \frac{d\Phi}{dt} . \tag{6.17}$$

In dieser Gleichung kann Φ gemäß Gl. (6.16) ersetzt werden, und man erhält nach Anwendung der Produktregel der Differentialrechnung

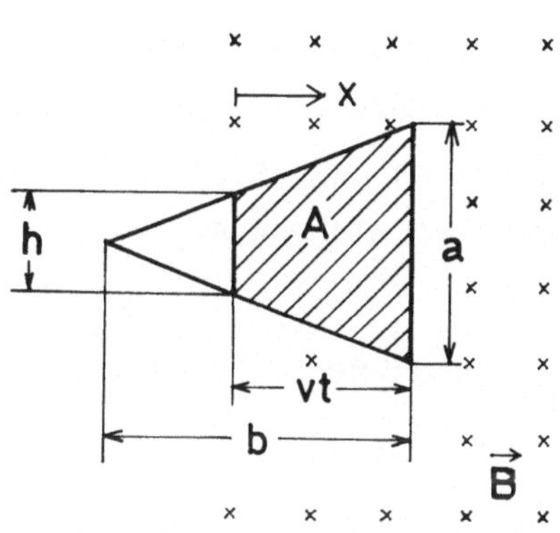

Bild 6.9
Dreieckige Leiterschleife während des Eindringens in ein Magnetfeld

$$\boxed{i = -\frac{ab\hat{B}}{2R}\left(\omega\left[1-(1-\frac{vt}{b})^2\right] \cos \omega t + \frac{2v}{b}(1-\frac{vt}{b}) \sin \omega t\right) \quad (0 \leq vt \leq b)} . \tag{6.18}$$

Nachdem das Dreieck gänzlich ins Magnetfeld eingetreten ist, gilt

$$\Phi = \frac{1}{2} ab \hat{B} \sin \omega t \qquad (b \leq vt) , \qquad (6.19)$$

und daraus folgt - ebenfalls nach Anwendung der Gl. (6.17) - das Ergebnis

$$\boxed{i = -\frac{ab\hat{B}}{2R} \omega \cos \omega t \qquad (b \leq vt)} \quad . \qquad (6.20)$$

Auf der Grenze zwischen den beiden Zeitbereichen müssen die beiden Ergebnisse (6.18) und (6.20) übereinstimmen: setzt man

$$t = b/v$$

in (6.18) und (6.20) ein, ergeben sich für i tatsächlich gleiche Werte.

6.6 6.6.1 Mit der Spule ist der Fluß

$$\Phi = BA \cos \omega t$$

verkettet (vgl. Bilder 6.10, 6.11); hierbei ist

$$\omega = 2\pi f \quad . \qquad (6.21)$$

In der Spule wird die Spannung

$$u(t) = - n d\Phi /dt \qquad (6.22)$$

$$u(t) = nBA \omega \sin \omega t \qquad (6.22a)$$

induziert, es fließt also der Strom

$$\boxed{i(t) = \frac{nAB\omega}{R} \sin \omega t} \quad . \qquad (6.23)$$

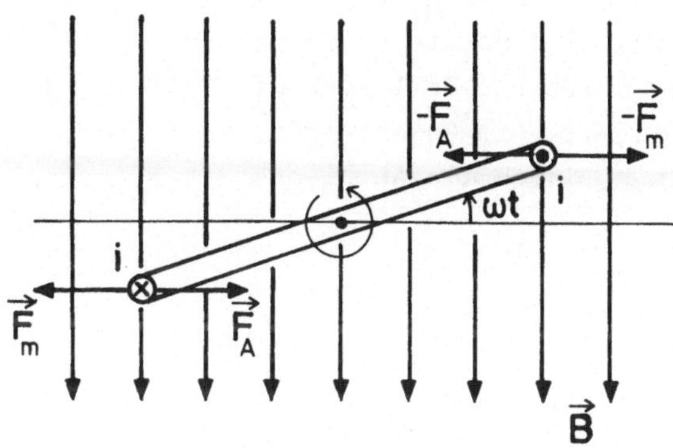

Bild 6.10

Drehbare Spule im homogenen Magnetfeld

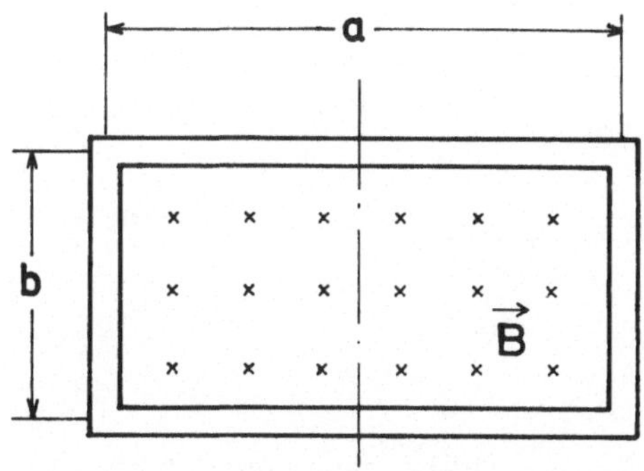

Bild 6.11

Abmessungen der drehbaren Spule

6.6.2 Auf den linken Leiter (Bild 6.10) wirkt, da er vom Strom i durchflossen wird, im Feld $\vec{B}$ die magnetische Kraft $\vec{F}_m$. Soll sich die Spule in der dargestellten Weise im Gegenzeigersinn drehen, so muß die Kraft $\vec{F}_m$ durch die Antriebskraft $\vec{F}_A$ kompensiert werden:

$$F_A = F_m = nbBi \ . \tag{6.24}$$

Das Paar der links und rechts an der Spule angreifenden Antriebskräfte bildet also das Drehmoment

$$M(t) = F_A \cdot a \cdot \sin \omega t \ . \tag{6.25}$$

Berücksichtigt man hierin die Gleichungen (6.23) und (6.24), so erhält man mit

$$A = ab$$

schließlich

$$\boxed{M(t) = \frac{\omega (nAB)^2}{R} \sin^2 \omega t} \ . \tag{6.26}$$

Anmerkung

Das Ergebnis (6.26) erhält man auch durch Anwendung des Energiesatzes

$$M\omega = u^2/R$$

und Zuhilfenahme des Resultates (6.22a).

6.6.3 In der Spule entsteht die elektrische Leistung

$$P(t) = i^2(t)R, \qquad (6.27)$$

mit Gl. (6.23) wird also

$$\boxed{P(t) = \frac{(nAB)^2}{R}\,\omega^2 \sin^2 \omega t} \quad . \qquad (6.28)$$

Diese Leistung muß als Antriebsleistung aufgebracht werden; wendet man die Beziehung

$$P = \omega M \qquad (6.29)$$

für das Antriebsmoment, Gl. (6.26), an, so wird Gl. (6.28) bestätigt.

6.6.4 Für die gegebenen Zahlenwerte wird

$$\boxed{\begin{aligned} i &= 3{,}14\ \text{mA} \cdot \sin \omega t \\ M &= 3{,}14 \cdot 10^{-7}\ \text{Nm} \cdot \sin^2 \omega t \\ P &= 0{,}0987\ \text{mW} \cdot \sin^2 \omega t \end{aligned}} \quad .$$

<u>6.7</u> Der Punkt P hat nach der Zeit t die Stelle

$$x = vt$$

erreicht. Während der kurzen Zeit Δt nimmt der im Feld befindliche Teil der Kreisfläche um den Betrag ΔA zu (in Bild 6.12 eng schraffiert). Diese Fläche hat die Größe

$$\Delta A \approx 2y\,\Delta x = 2yv \cdot \Delta t = 2v \cdot \sqrt{vt(2r-vt)}\,\Delta t \ .$$

Der mit der Leiterschleife verkettete Fluß wächst also in der Zeit Δt um den Betrag

$$\Delta\Phi = B\,\Delta A \approx 2Bv\sqrt{vt(2r-vt)}\,\Delta t$$

(hierbei wurde der Flächenvektor in der gleichen Richtung wie das Magnetfeld positiv gezählt).
Es gilt demnach

$$\Delta\Phi/\Delta t \approx 2Bv\sqrt{vt(2r-vt)}\ ,$$

und mit den in Bild 6.5 gegebenen Zählrichtungen für i und B gilt

$$i\cdot R = -\,d\Phi/\,dt$$

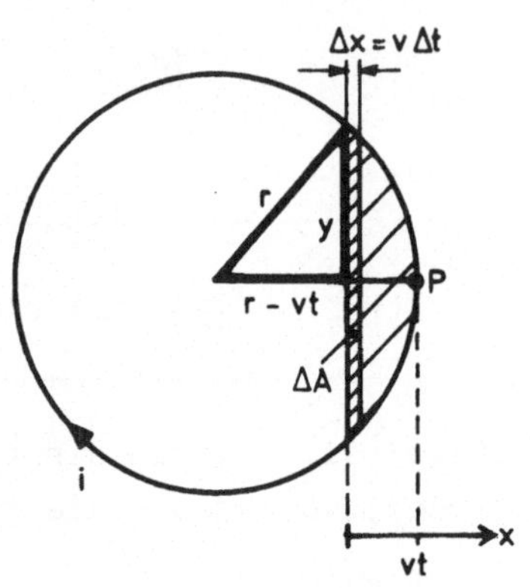

Bild 6.12

Zur Berechnung der Flußzunahme beim Eintritt des leitenden Ringes ins Magnetfeld

$$\boxed{i = -\frac{2\,Bv}{R}\sqrt{vt(2r-vt)} \quad (\text{für } 0 \le t \le 2r/v)}$$

(Für $t \ge 2r/v$ wird $i = 0$.)

6.8 6.8.1 Wenn der Flächenvektor — ebenso wie die magnetische Flußdichte $\vec{B}$ — senkrecht in die Zeichenebene hineingehend positiv gezählt wird (vgl. Bild 6.6), dann gilt

$$d\Phi = B(t)\ dA = B(t)\,a\,dx$$

$$\Phi(t) = \int_0^{\eta(t)} \hat{B}\sin\Omega t\ a\,dx = \hat{B}\sin\Omega t\ a\,\eta(t)\ . \quad (6.30)$$

Hierbei gibt die obere Integrationsgrenze $\eta(t)$ die Stelle an, an der sich der leitende Stab zu einer beliebigen Zeit t gerade befindet:

$$\eta(t) = b + \int_0^t v d\tau = b + \int_0^t v_o \sin \omega\tau \, d\tau$$

$$\eta(t) = b + \frac{v_o}{\omega} \Big[- \cos\omega\tau\Big]_0^t = b + \frac{v_o}{\omega}(1 - \cos \omega t).$$

Setzt man dies in das Ergebnis (6.30) ein, so entsteht

$$\phi(t) = a\hat{B} \sin \Omega t \left[b + \frac{v_o}{\omega}(1 - \cos \omega t)\right] \quad (6.31)$$

und wegen des Induktionsgesetzes

$$u = - d\phi/dt \quad (6.32)$$

ergibt sich aus Gl. (6.31)

$$u = - a\hat{B}\,\Omega \cos \Omega t \left[b + \frac{v_o}{\omega}(1 - \cos \omega t)\right] -$$

$$- \hat{B}\, a \sin \Omega t \; v_o \sin \omega t$$

$$\boxed{u = - a\hat{B}\left[\Omega(b + v_o/\omega) \cos \Omega t + v_o \sin \Omega t \sin \omega t - v_o \frac{\Omega}{\omega} \cos \Omega t \cos \omega t\right]} . \quad (6.33)$$

6.8.2 a) Wegen $\vec{E} = \vec{v} \times \vec{B}$, also $E = vB$ wird hier

$$\boxed{u = - avB}$$

und im Fall b) $\boxed{u = - av_oB \sin \omega t}$.

c) Aus $u = - A\, dB/dt$ folgt

$$\boxed{u = - ab\Omega\, \hat{B} \cos \Omega t} .$$

d) In diesem Sonderfall wird

$$\phi = a(b + vt)\, \hat{B} \sin \Omega t ,$$

die Spannung ist

$$u = - d\phi/dt$$

$$u = -a\hat{B}\left[v \sin\Omega t + (b + vt)\Omega \cos\Omega t\right].$$

6.8.3 Falls $\omega = \Omega$ wird, vereinfacht sich die Gleichung (6.33) zu

$$u = -a\hat{B}\left[(b\Omega + v_o)\cos\Omega t + v_o(\sin^2\Omega t - \cos^2\Omega t)\right]$$

$$u = -a\hat{B}\left[(b\Omega + v_o)\cos\Omega t - v_o \cos 2\Omega t\right].$$

b. Anwendung des Induktionsgesetzes auf inhomogene Felder

AUFGABEN

6.9 Eine Spule hat n Windungen und ist mit dem Fluß Φ verkettet, der - wie in Bild 6.13 dargestellt - von der Zeit abhängt.

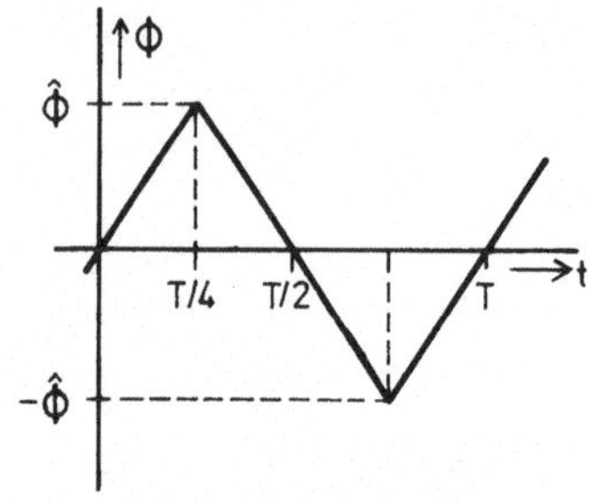

Bild 6.13
Abhängigkeit eines magnetischen Flusses von der Zeit

6.9.1 Man berechne die Spannung $u(t)$, die an den Spulenklemmen entsteht.

6.9.2 Man skizziere $u(t)$ für die speziellen Werte

$n = 1000$, $\hat{\Phi} = 10^{-4}$Vs, $T = 20$ ms.

6.10 Durch eine Leiterschleife tritt die Feldstärke

$$B = \hat{B} \cos\omega t \sin\left(\frac{\pi}{b} x\right)$$

senkrecht hindurch (Bild 6.14).

6.10.1 Wie groß ist die Spannung u(t) ?

6.10.2 An die beiden Klemmen wird der Widerstand R angeschlossen. Welcher Strom i(t) kommt zustande, falls der ohmsche Widerstand und die Selbstinduktivität der Leiterschleife vernachlässigt werden können?

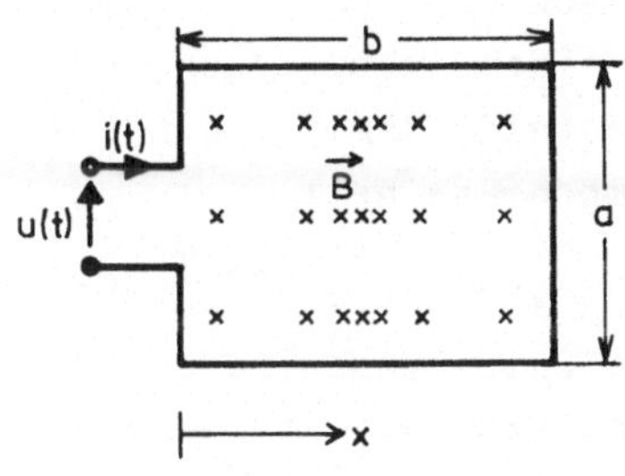

Bild 6.14
Leiterschleife in einem inhomogenen, zeitabhängigen Magnetfeld

6.10.3 Man berechne u(t) und i(t) für

$\hat{B} = 0{,}1\ \mathrm{T}$, $\omega = 100\ \pi/\mathrm{s}$, $b = 10\ \mathrm{cm}$,

$a = 5\ \mathrm{cm}$, $R = 1\ \mathrm{k}\Omega$.

6.11 Durch eine rechteckige Leiterschleife tritt die Flußdichte

$$B = \hat{B}\,\frac{x}{b}\,\sin\omega t$$

senkrecht hindurch (vgl. Bild 6.14).

6.11.1 Wie groß ist die Spannung u(t) ?

6.11.2 An die beiden Klemmen wird der Widerstand R angeschlossen. Man berechne den Strom i(t) unter der Voraussetzung, daß der ohmsche Widerstand und die Selbstinduktivität der Leiterschleife vernachlässigbar klein sind.

6.12 Eine rechteckige Leiterschleife befindet sich in einem inhomogenen Magnetfeld, das nur eine y-Komponente hat:

$$B_y(x) = \hat{B}_y \cos \frac{\pi}{b} x \,.$$

Die Leiterschleife bewegt sich mit der Geschwindigkeit v in der Ebene y = 0 in x-Richtung (Bild 6.15).

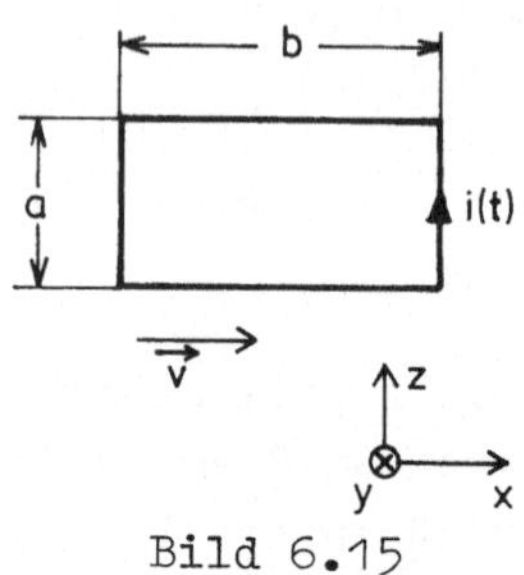

Bild 6.15
Bewegung einer Leiterschleife in einem inhomogenen Magnetfeld

Zur Zeit t = 0 befindet sich die vordere Seite des Rechtecks an der Stelle x = 0 . Der Widerstand der Schleife ist R, ihre Selbstinduktivität sei vernachlässigbar. Man berechne i(t).

6.13 Eine rechteckige Leiterschleife bewegt sich in der Ebene y = 0 mit der Geschwindigkeit v in x-Richtung. Sie tritt zur Zeit t = 0 an der Stelle x = 0 in das inhomogene Magnetfeld $\vec{B}$ ein, das nur eine y-Komponente hat. Das Magnetfeld $B_y(x)$ steht senkrecht zur Leiterschleife und fällt vom Wert $\hat{B}_y$ (an der Stelle x = 0) auf den Wert Null (an der Stelle x = d)

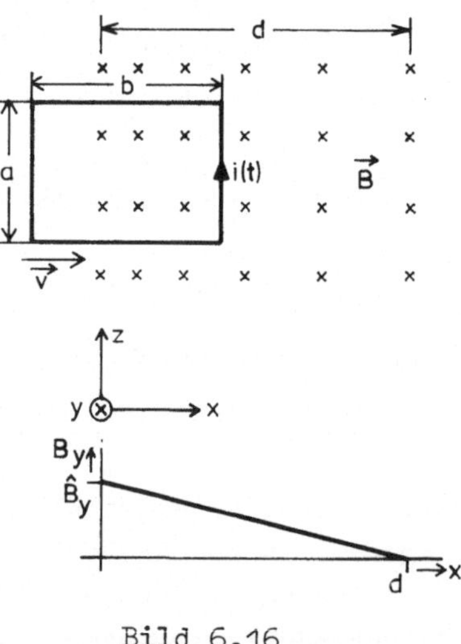

Bild 6.16
Bewegung einer Leiterschleife durch ein inhomogenes Magnetfeld

linear ab, vgl. Bild 6.16. Außerdem gelte: $d > b$. Der Widerstand der Schleife ist R, ihre Selbstinduktivität sei vernachlässigbar.

Man berechne i(t) für $0 \leq t \leq \frac{d+b}{v}$.

6.14 Eine Leiterschleife von der Form eines gleichschenkligen Dreiecks (Grundseite a) bewegt sich mit der Geschwindigkeit v in dem inhomogenen Magnetfeld

$$B_y(x) = \hat{B}_y \cos \alpha x$$

in x-Richtung, vgl. Bild 6.17. Das Magnetfeld steht senkrecht zur Leiterschleife. Zur Zeit $t=0$ befindet sich die Grundseite des Dreiecks an der Stelle $x = 0$. Der Widerstand der Schleife ist R, ihre Selbstinduktivität sei vernachlässigbar.

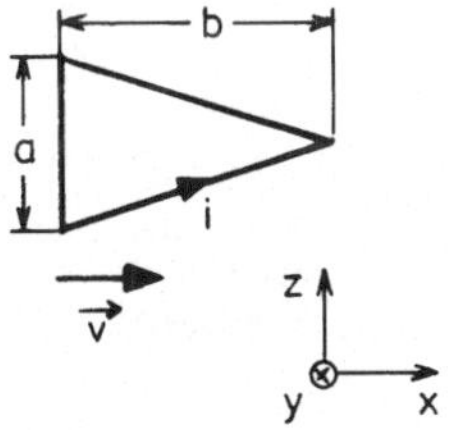

Bild 6.17
Bewegung einer Leiterschleife in einem inhomogenen Magnetfeld

Man berechne i(t) in dem Sonderfall $\alpha = 2\pi / b$.

6.15 Eine Leiterschleife von der Form eines gleichschenkligen Dreiecks (Grundseite a) bewegt sich mit der Geschwindigkeit v in x-Richtung. Sie tritt zur Zeit $t = 0$ an der Stelle $x = 0$ in das inhomogene Magnetfeld $\vec{B}$ ein, das nur eine y-Komponente hat. Das Magnetfeld $B_y(x)$ steht senkrecht zur Leiterschleife und fällt vom Wert $\hat{B}_y$ (an der Stelle $x = 0$) auf den Wert Null (an der Stelle $x = d$) linear ab, vgl. Bild 6.18. Außerdem gelte: $d > b$.

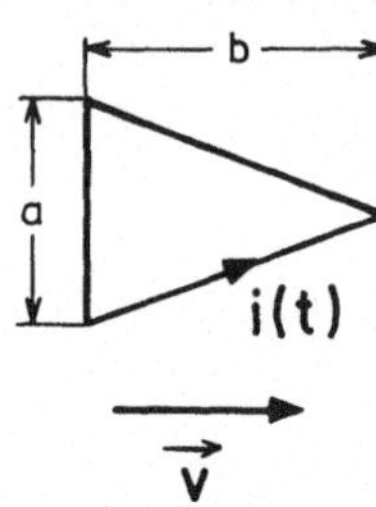

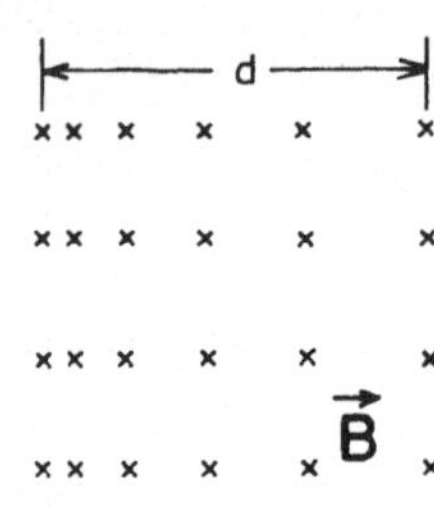

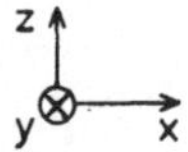

Bild 6.18
Bewegung einer Leiterschleife durch ein inhomogenes Magnetfeld

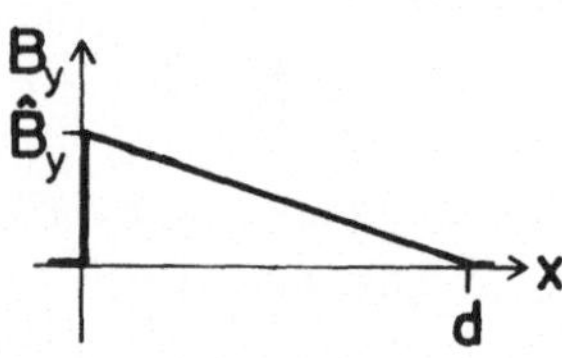

Der Widerstand der Schleife ist R, ihre Selbstinduktivität sei vernachlässigbar. Man berechne i(t) für $0 \leq t \leq \frac{d+b}{v}$.

6.16 In der Ebene y = 0 liegt ein langer gerader Draht, durch den der konstante Strom i_e fließt. Eine ebene rechteckige Leiterschleife (Bild 6.19) bewegt sich in dieser Ebene mit der Geschwindigkeit v in x-Richtung vom Draht weg. Zur Zeit t = 0 befindet sich das Ende der Leiterschleife

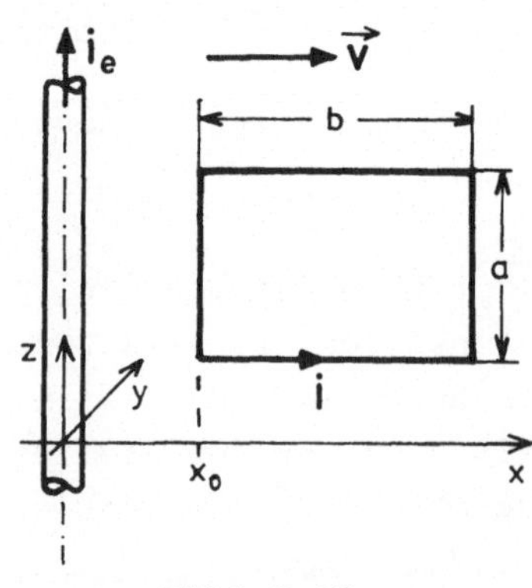

Bild 6.19
Bewegung einer Leiterschleife im Magnetfeld eines stromdurchflossenen langen Leiters

an der Stelle $x = x_0$. Man berechne den Strom i in der Leiterschleife unter der Voraussetzung, daß ihre Selbstinduktivität vernachlässigt werden kann und sie den Widerstand R hat.

6.17 In der Ebene y = 0 liegt ein langer gerader Draht, durch den der Strom i_e fließt. Eine ebene Leiterschleife hat die Form eines gleichschenkligen Dreiecks (Grundseite a) und bewegt sich in der x - z - Ebene mit der Geschwindigkeit v vom Draht weg in x-Richtung (Bild 6.20). Zur Zeit t = 0 befindet sich die Grundseite des Dreiecks an der Stelle $x = x_0$. Man berechne die Spannung u(t), die auf der geraden Verbindung der beiden Klemmen gemessen werden kann.

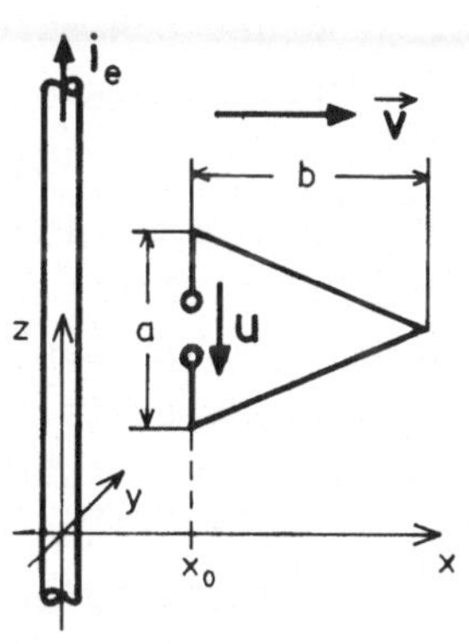

Bild 6.20

Bewegung einer Leiterschleife im Magnetfeld eines stromdurchflossenen langen Leiters

6.18 Parallel zur y-Achse liegt an der Stelle x = 0, $z = z_0$ ein sehr langer gerader Draht, durch den der Strom i_e fließt. Eine ebene, rechteckige Leiter-

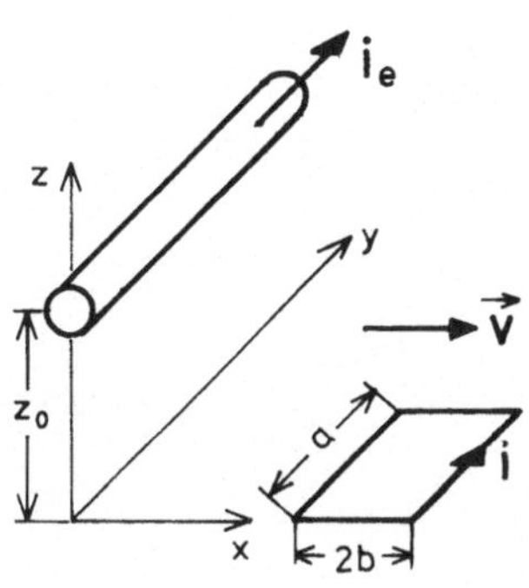

Bild 6.21

Bewegung einer Leiterschleife im Magnetfeld eines stromdurchflossenen langen Leiters

schleife bewegt sich in der Ebene z = 0 mit der Geschwindigkeit $\vec{v}$ in Richtung zunehmender x - Werte (Bild 6.21). Zur Zeit t = 0 befindet sich die linke Seite des Rechtecks an der Stelle x = - b. Der Widerstand der Schleife ist R, ihre Selbstinduktivität sei vernachlässigbar. Man berechne den Strom i(t).

6.19 Durch einen langen geraden Draht fließt der Strom i_e. Die y-Achse des gewählten Koordinatensystems (Bild 6.22) fällt mit der Drahtachse zusammen. Eine ebene rechteckige Leiterschleife befindet sich zur Zeit t = 0 in der Ebene z = 0 und bewegt sich mit der Geschwindigkeit $\vec{v}$ parallel zur z-Achse. Der Widerstand der Schleife ist R. Man berechne den Strom i (t) in der Leiterschleife, wobei die Rückwirkung dieses Stromes auf das Magnetfeld vernachlässigt werden soll.

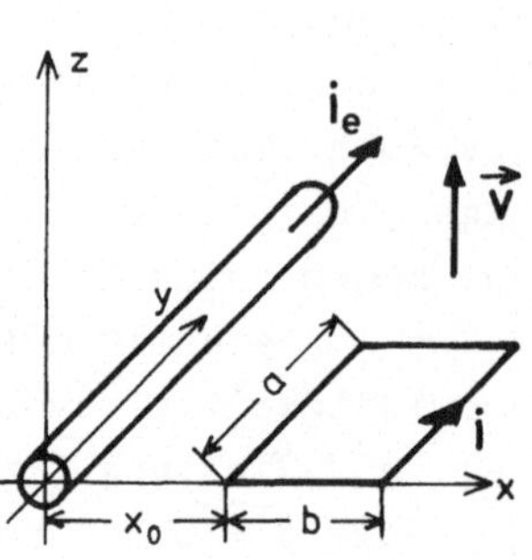

Bild 6.22

Bewegung einer Leiterschleife im Magnetfeld eines stromdurchflossenen langen Leiters

6.20 Ein Metallstab gleitet auf zwei leitenden Schienen

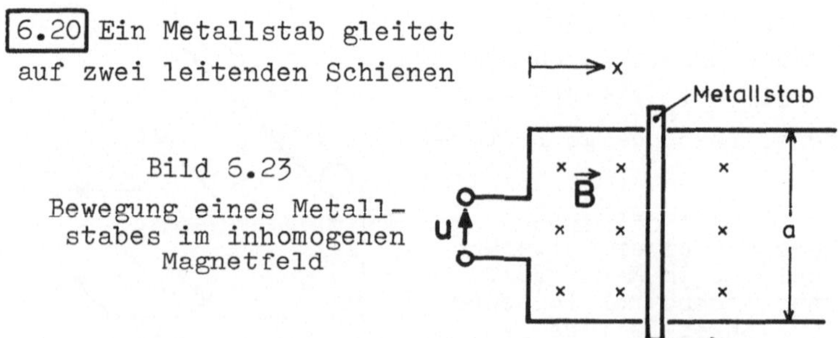

Bild 6.23

Bewegung eines Metallstabes im inhomogenen Magnetfeld

(Bild 6.23). Senkrecht durch die Ebene der hierdurch gebildeten Leiterschleife tritt das inhomogene Magnetfeld $\vec{B}$. Zur Zeit $t = 0$ befindet sich der Stab an der Stelle $x = b$. Es ist $\vec{v}$ = konstant und

$$B(x,t) = \hat{B}\sin\left(\frac{\pi}{b}x\right)\cdot\sin\Omega t\ .$$

Wie groß ist die induzierte Spannung u ?

L Ö S U N G E N

6.9 6.9.1 Während der Zeit $0 \leq t < T/4$ gilt

$$d\Phi/dt = 4\hat{\Phi}/T\ ,$$

im Zeitraum $T/4 < t < 3T/4$ ist

$$d\Phi/dt = -4\hat{\Phi}/T\ ,$$

und während der Zeit $3T/4 < t \leq T$ gilt wieder

$$d\Phi/dt = 4\hat{\Phi}/T\ .$$

Setzt man diese Werte ins Induktionsgesetz

$$u(t) = -n\,d\Phi/dt \qquad (6.22)$$

ein (wobei in diesem Fall das Vorzeichen im Induktionsgesetz beliebig ist, da für u(t) kein Zählpfeil angegeben wurde), so erhält man

$$\boxed{\begin{array}{lll} u = -4n\hat{\Phi}/T & \text{für} & 0 \leq t < T/4 \\ u = 4n\hat{\Phi}/T & \text{für} & T/4 < t < 3T/4 \\ u = -4n\hat{\Phi}/T & \text{für} & 3T/4 < t \leq T \end{array}}\ .$$

6.9.2 Für die angegebenen Zahlenwerte wird

$$\frac{4n\hat{\Phi}}{T} = \frac{4\cdot10^{3}\cdot10^{-4}\cdot\mathrm{Vs}}{2\cdot10^{-2}\ \mathrm{s}} = 20\mathrm{V}\ ,$$

und damit ergibt sich für u(t) die im Bild 6.24 dargestellte Rechteck-Schwingung .

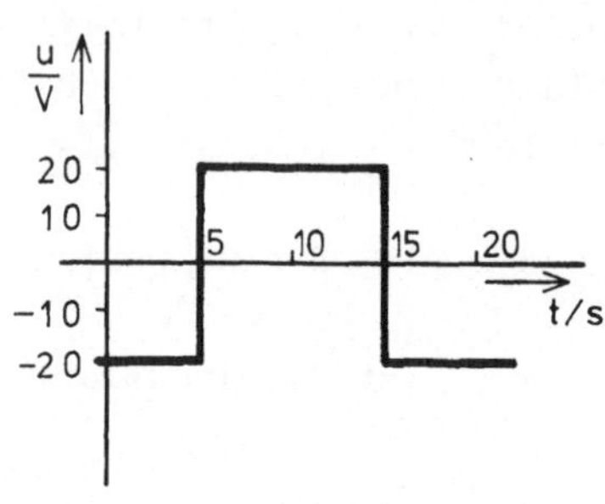

Bild 6.24
Spannung, die vom Fluß des Bildes 6.13 induziert wird

6.10 6.10.1 Mit den Zählpfeilen des Bildes 6.14 und einer mit $\vec{B}$ übereinstimmenden Richtung für den Flächenvektor $d\vec{A}$ wird

$$\Phi = \int_A \vec{B}\cdot d\vec{A}$$

$$\Phi = \int_A B dA = a\hat{B}\cos\omega t \int_0^b \sin\left(\frac{\pi}{b}x\right) dx$$

$$\Phi = a\hat{B}\cos(\omega t)\cdot\frac{b}{\pi}\left[-\cos\frac{\pi}{b}x\right]_0^b = \frac{2ab}{\pi}\hat{B}\cos\omega t \ .$$

Das Induktionsgesetz (6.2) führt dann wegen

$$u = \oint \vec{E}\cdot d\vec{s} \tag{6.34}$$

zu

$$u(t) = -\frac{d\Phi}{dt} \tag{6.35}$$

$$\boxed{u(t) = \frac{2}{\pi}ab\omega\hat{B}\sin\omega t} \ . \tag{6.36}$$

6.10.2 An dem Widerstand R, der an die Klemmen angeschlossen wird, weisen die Zählpfeile der Spannung und des Stromes in die gleiche Richtung. Es gilt dann

$$i(t) = u(t)/R \tag{6.37}$$

und mit Gl. (6.36)

$$\boxed{i(t) = \frac{2}{\pi}\,\frac{ab\,\omega\,\hat{B}}{R}\sin\omega t} \;. \tag{6.38}$$

6.10.3 Setzt man die gegebenen Zahlenwerte in die Ergebnisse (6.36) und (6.38) ein, so wird

$$u(t) = \frac{2\cdot 5\text{cm}\cdot 10\text{cm}\cdot 100\,\pi\cdot 10^{-5}\text{Vs}}{\pi\quad\cdot\quad \text{s}\quad\cdot\quad \text{cm}^2}\sin\omega t$$

$$\boxed{u(t) = 0{,}1\text{V}\,\sin\omega t}$$

und

$$i(t) = \frac{0{,}1\text{V}}{1\text{k}\Omega}\sin\omega t$$

$$\boxed{i(t) = 0{,}1\text{mA}\cdot\sin\omega t} \;.$$

6.11 6.11.1 Mit den Zählpfeilen des Bildes 6.14 und einer mit $\vec{B}$ übereinstimmenden Zählrichtung für den Flächenvektor $\vec{dA}$ wird

$$\Phi = \int_A \vec{B}\cdot\vec{dA} = \int_A B\,dA = \int_0^b \hat{B}\,\frac{x}{b}\sin\omega t\;a\,dx = \hat{B}\,\frac{ab}{2}\sin\omega t$$

und

$$u(t) = -\frac{d\Phi}{dt}$$

$$u(t) = -\frac{ab}{2}\,\omega\,\hat{B}\cos\omega t \; .$$

6.11.2 Wegen Gl. (6.37) wird

$$i(t) = -\frac{ab\,\omega\,\hat{B}}{2R}\cos\omega t \; .$$

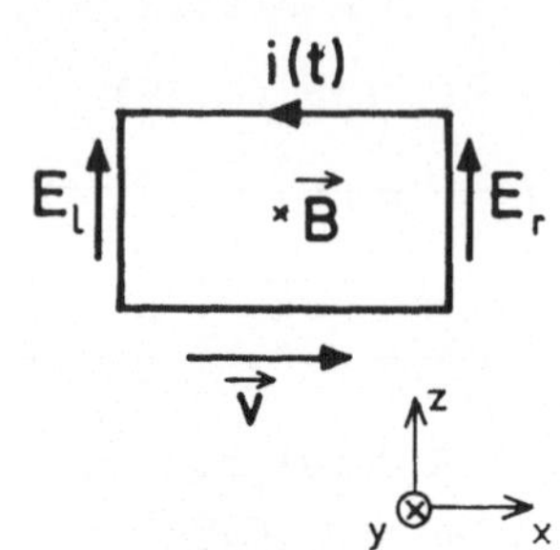

Bild 6.25
Zur Berechnung der elektrischen Feldstärke in bewegten Leitern

6.12 Da sich die Leiterschleife in einem Magnetfeld bewegt, das nicht von der Zeit abhängt, wird nur aufgrund der Bewegung eine Spannung in die Schleife induziert. Hierbei gilt

$$\vec{E} = \vec{v} \times \vec{B} \tag{6.39}$$

und

$$u = \int \vec{E}\cdot\vec{ds} \; . \tag{6.40}$$

In der hier gestellten Aufgabe wirkt also in allen Teilen der Leiterschleife eine elektrische Feldstärke in z-Richtung . Diese Feldstärke kann im oberen und unteren Leiter der Rechteckschleife gemäß Gl. (6.40) keine Spannung erzeugen, da hier $\vec{E}$ und $\vec{ds}$ senkrecht aufeinander stehen, da also der Integrand verschwindet: $\vec{E}\cdot\vec{ds} = 0$. Im linken und rechten Leiter dagegen haben $\vec{E}$ und $\vec{ds}$ jeweils gleiche Richtung, so daß für die insgesamt in die Schleife induzierte Spannung gilt:

$$u = iR = \oint \vec{E}\cdot\vec{ds} = E_r a - E_l\, a \tag{6.41}$$

(vgl. Bild 6.25).

Wendet man Gl. (6.39) für den linken und rechten Leiter an, so ergibt sich - da $\vec{v}$ und $\vec{B}$ senkrecht zueinander stehen - einfach

$$E_l = v\hat{B}_y \cos \frac{\pi(vt-b)}{b} \tag{6.42}$$

und

$$E_r = v\hat{B}_y \cos \frac{\pi vt}{b} \quad . \tag{6.43}$$

Setzt man diese beiden Ergebnisse in (6.41) ein, dann erhält man

$$i(t) = \frac{av\hat{B}_y}{R}\left[\cos \frac{\pi vt}{b} - \cos\left[\frac{\pi vt}{b} - \pi\right]\right]$$

$$\boxed{i(t) = \frac{av\hat{B}_y}{R} \cdot 2\cos \frac{\pi vt}{b}} \; .$$

6.13 Auch in dieser Aufgabe kann - ebenso wie in der Aufgabe 6.12 - der Strom i(t) über die elektrischen Feldstärken E_r und E_l und die Gleichung (6.41) berechnet werden.
Während der Zeit $0<t<b/v$ befindet sich nur der rechte Leiter im Magnetfeld, und es gilt

$$E_r = v\hat{B}_y\,(1-x/d) = v\hat{B}_y\,(1-vt/d)$$

$$E_l = 0 \; ,$$

aus Gl. (6.41) ergibt sich somit

$$\boxed{i = \frac{av\hat{B}_y}{R}\,(1-vt/d) \qquad (0<t<b/v)} \; . \tag{6.44}$$

Da $d > b$, sind vorübergehend der linke und rechte Leiter gleichzeitig im Magnetfeld, während der Zeit $b/v < t \leq d/v$ ist demnach

$$E_r = v\hat{B}_y\,(1 - vt/d)$$

$$E_l = v\hat{B}_y\,\left(1 - \frac{vt-b}{d}\right) = v\hat{B}_y\,(1 - vt/d + b/d),$$

und mit Gl. (6.41) wird

$$\boxed{i = -\frac{av\hat{B}_y}{R}\,\frac{b}{d} \qquad (b/v < t \leq d/v)} \,. \tag{6.45}$$

Wenn der rechte Leiter das Magnetfeld verlassen hat und allein der linke noch darin ist, $d/v \leq t \leq (d + b)/v$, gilt

$$E_r = 0$$

$$E_l = v\hat{B}\,(1 - vt/d + b/d)$$

und damit

$$\boxed{i = -\frac{av\hat{B}_y}{R}\,(1 - vt/d + b/d) \qquad (d/v \leq t \leq (d + b)/v)} \,. \tag{6.46}$$

Anmerkung

In Bild 6.26 werden die drei Ergebnisse (6.44), (6.45) und (6.46) zusammengefaßt. Die Unstetigkeiten der Funktion $i(t)$ an den Stellen $t = 0$ und $t = b/v$ entsprechen der Unstetigkeit des Magnetfeldes an der Stelle $x = 0$: Eintritt des rechten ($t = 0$) und des linken ($t = b/v$) Leiters ins Feld. Berücksichtigt man die Selbstinduktivität der Leiterschleife, so ergibt sich ein stetiger Verlauf $i = f(t)$.

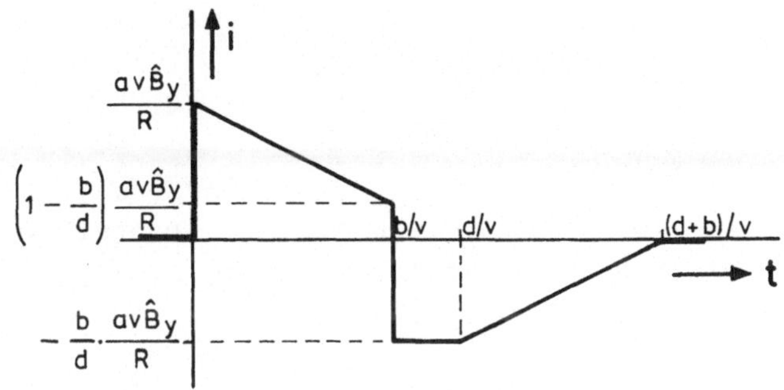

Bild 6.26

Der Strom i(t) während der Bewegung einer Leiterschleife durch ein inhomogenes Magnetfeld

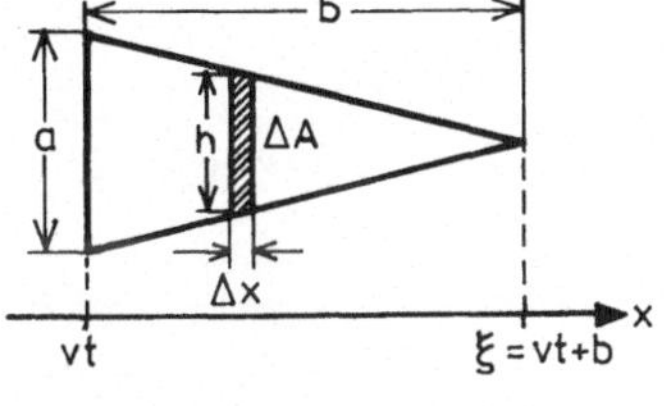

Bild 6.27

Flächenelement ΔA zur Berechnung des magnetischen Flusses

6.14 Da B nur von x abhängt, ist es zweckmäßig, ein Flächenelement so auszuwählen, wie es in Bild 6.27 dargestellt wird. Für solch ein Flächenelement gilt:

$$\Delta A \approx h \Delta x .$$

Hierbei ist

$$h/a = (\xi - x)/b. \tag{6.47}$$

Es wird also

$$\Delta A \approx \Delta x \frac{a}{b}(\xi - x) \tag{6.48}$$

und damit

$$\Delta\Phi \approx \hat{B}_y \frac{a}{b} (\xi - x) \cos \alpha x \cdot \Delta x$$

$$d\Phi = \hat{B}_y \frac{a}{b} (\xi - x) \cos \alpha x \cdot \Delta x$$

(d.h. der Flächenvektor $\Delta\vec{A}$ wurde hier in positiver y-Richtung positiv gezählt).
Mit der Schleife ist der Fluß

$$\Phi = \int_{x=vt}^{x=vt+b} d\Phi$$

$$\Phi = \int_{vt}^{vt+b} \hat{B}_y \frac{a}{b} (\xi - x) \cos \alpha x \, dx \qquad (6.49)$$

verkettet. Speziell für $\alpha = 2\pi/b$ gilt wegen

$$\int_{vt}^{vt+b} \xi \cos \alpha x \, dx = \xi \int_{vt}^{vt+b} \cos \frac{2\pi}{b} x dx = 0$$

(Integration einer cos - Schwingung über eine ganze Periode!) für den Fluß:

$$\Phi = -\frac{a}{b} \hat{B}_y \int_{vt}^{vt+b} x \cos \alpha x \, dx \; . \qquad (6.50)$$

Das Integral in der Gl. (6.50) wird nach der Methode der partiellen Integration ausgewertet:

$$\int_{vt}^{vt+b} x \cos \alpha x \, dx = \frac{x}{\alpha} \sin \alpha x \Big|_{vt}^{vt+b} - \frac{1}{\alpha} \int_{vt}^{vt+b} \sin \alpha x \, dx .$$

Hierin fällt der zweite Summand auf der rechten Seite fort (Integration über eine ganze Periode!) :

$$\int_{vt}^{vt+b} x \cos \alpha x \, dx = \frac{vt+b}{\alpha} \sin \alpha (vt+b) - \frac{vt}{\alpha} \sin \alpha vt =$$

$$= \frac{vt}{\alpha} \left[\sin \alpha (vt+b) - \sin \alpha vt \right] + \frac{b}{\alpha} \sin \alpha (vt+b) =$$

$$= \frac{b}{\alpha} \sin \alpha vt .$$

Der Fluß ist also

$$\Phi = -\frac{a}{b} \hat{B}_y \frac{b}{\alpha} \sin \alpha vt = -\frac{a\hat{B}_y}{\alpha} \sin \alpha vt .$$

Für den in Bild 6.17 gewählten Zählpfeil des Stromes i gilt :

$$-i = -\frac{d\Phi/dt}{R}$$

und daher

$$\boxed{i = -\frac{va\hat{B}_y \cos \alpha vt}{R}} .$$

<u>6.15</u> Ebenso wie in Aufgabe 6.14 gilt hier

$$\Delta A \approx \Delta x \frac{a}{b} (\xi - x) \qquad (6.48)$$

(vgl. Bild 6.28) und damit innerhalb des Magnetfeldes ($0 < x \leq d$):

$$d\Phi = \hat{B}_y \, (1-x/d) \cdot \frac{a}{b}(vt-x) \, dx$$

(der Flächenvektor $\Delta\vec{A}$ wurde in positiver y-Richtung angenommen).

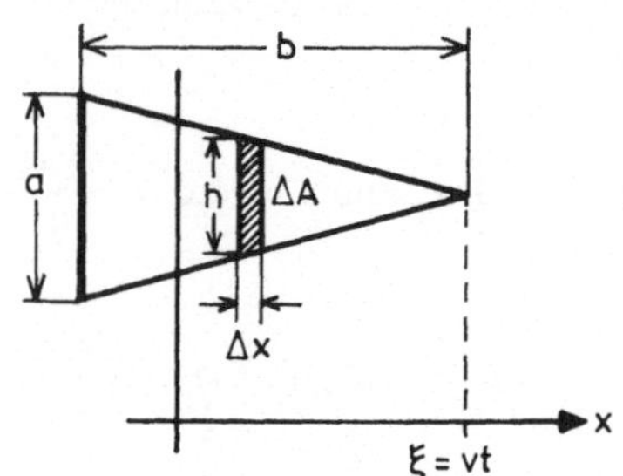

Bild 6.28
Flächenelement ΔA zur Berechnung des magnetischen Flusses

a) Während das Dreieck ins Feld eindringt ($0 \leq vt < b$), gilt:

$$\Phi = \hat{B}_y \cdot \frac{a}{bd} \int_0^{vt} (d-x) \cdot (vt-x) \, dx$$

$$\Phi = \hat{B}_y \cdot \frac{a}{bd} \left[vt \cdot d \cdot x - \frac{d+vt}{2} \cdot x^2 + \frac{1}{3} x^3 \right]_{x=0}^{x=vt} \qquad (6.51)$$

$$\Phi = \hat{B}_y \cdot \frac{a}{bd} \left[d \cdot (vt)^2 - \frac{1}{2} (d+vt) \cdot (vt)^2 + \frac{1}{3} (vt)^3 \right].$$

Für den in Bild 6.18 gewählten Zählpfeil des Stromes i gilt (Rechtsschraubenzuordnung):

$$-i = -\frac{d\Phi/dt}{R}, \qquad (6.52)$$

es wird daher

$$i = \frac{\hat{B}_y}{R} \frac{a}{bd}\left[dv^2 t - \frac{1}{2} v^3 t^2 \right] \quad \text{für } 0 \leq t < b/v \quad . \tag{6.53}$$

b)
Während das Dreieck sich ganz im Feld befindet ($b < vt \leq d$), gilt Gleichung (6.51) weiterhin, nur muß jetzt anstatt der Untergrenze $x=0$ die Grenze $x = vt - b$ genommen werden:

$$\Phi = \hat{B}_y \frac{a}{bd}\left[vt \cdot d \cdot x - \frac{d+vt}{2} x^2 + \frac{1}{3} x^3 \right]_{x=vt-b}^{x=vt} \quad . \tag{6.54}$$

Hieraus folgt

$$i = -\frac{\hat{B}_y}{R} \frac{ab}{2d} v \quad \text{für} \quad b/v < t \leq d/v \quad . \tag{6.55}$$

c) Während das Dreieck das Feld verläßt ($d \leq vt \leq d + b$), gilt Gl. (6.54) weiterhin, nur muß diesmal mit der zeitunabhängigen Obergrenze $x = d$ gerechnet werden:

$$\Phi = \hat{B}_y \frac{a}{bd}\left[vt \cdot d \cdot x - \frac{d+vt}{2} x^2 + \frac{1}{3} x^3 \right]_{x=vt-b}^{x=d} , \tag{6.56}$$

so daß sich folgender Strom ergibt:

$$i = \frac{\hat{B}_y}{R} \frac{a}{bd}\left[\frac{1}{2} v^3 t^2 - dv^2 t + \frac{1}{2}(d^2 - b^2) v \right] \quad \text{für} \quad d/v \leq t \leq (d+b)/v \quad . \tag{6.57}$$

Kontrolle:

Setzt man in das Ergebnis (6.57) den Wert $t = d/v$ ein, so zeigt sich für diesen Sonderfall Übereinstimmung mit dem Ergebnis (6.55).

6.16 Der Strom kann hier ebenso wie in Aufgabe 6.12 berechnet werden. Es gelten wieder die Gleichungen

$$u = iR = E_r a - E_l a \tag{6.41}$$

(vgl. Bild 6.25) und

$$\vec{E} = \vec{v} \times \vec{B} \quad . \tag{6.39}$$

Wegen

$$B_y = \frac{\mu_o i_e}{2\pi x} \tag{6.58}$$

gilt dann

$$E_l = \frac{v\mu_o i_e}{2\pi (x_o + vt)} \tag{6.59}$$

und

$$E_r = \frac{v\mu_o i_e}{2\pi (x_o + b + vt)} \quad . \tag{6.60}$$

Setzt man dies in die Gleichung (6.41) ein, so ergibt sich

$$\boxed{i = \frac{av\mu_o i_e}{2\pi R}\left[\frac{1}{x_o+b+vt} - \frac{1}{x_o+vt}\right]} \quad .$$

6.17 Für diese Aufgabe kann der Lösungsweg der Aufgabe 6.14 gewählt werden. Zur Berechnung des magnetischen Flusses werden die Bezeichnungen des Bildes 6.27 verwendet.

Es gilt mit der Abkürzung $\xi = x_o + vt + a$

$$\Delta A \approx \Delta x \frac{a}{b} (\xi - x) \tag{6.48}$$

und damit wegen

$$B_y = \frac{\mu i_e}{2\pi x} \tag{6.58}$$

$$\Phi = \int_{vt+x_o}^{vt+x_o+b} \frac{\mu i_e}{2\pi x} \frac{a}{b} (\xi - x) \, dx$$

$$\Phi = \frac{i_e \mu a}{2\pi b} \int_{vt+x_o}^{vt+x_o+b} (\xi /x - 1) \, dx$$

$$\Phi = \frac{i_e \mu a}{2\pi b} \left[\left(\ln \frac{vt+x_o+b}{vt+x_o} \right) (vt+x_o+b) - b \right] . \tag{6.61}$$

Für den in Bild 6.20 gewählten Zählpfeil u gilt

$$u = + d\Phi /dt , \tag{6.62}$$

mit Gleichung (6.61) ergibt sich also

$$\boxed{u = \frac{i_e \mu a}{2\pi b} v \left[\ln \frac{vt+x_o+b}{vt+x_o} - \frac{b}{vt+x_o} \right]} .$$

6.18 Für den Betrag B_l der magnetischen Flußdichte an der Stelle des linken Leiters (vgl. Bild 6.29) gilt

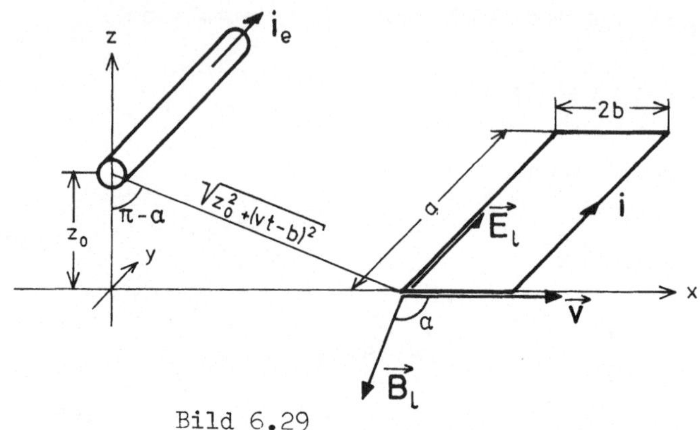

Bild 6.29

Zur Berechnung der elektrischen Feldstärke in einer Leiterschleife, die sich durch ein Magnetfeld bewegt und hierbei die Feldlinien nicht senkrecht schneidet

$$B_l = \frac{\mu\, i_e}{2\pi\sqrt{z_o^2 + (vt-b)^2}} , \tag{6.63}$$

am rechten Leiter ist

$$B_r = \frac{\mu\, i_e}{2\pi\sqrt{z_o^2 + (vt+b)^2}} . \tag{6.64}$$

Aus

$$\vec{E} = \vec{v} \times \vec{B} \tag{6.39}$$

ergibt sich für den Betrag der elektrischen Feldstärke

$$E = vB \sin\alpha \;; \tag{6.65}$$

an der Stelle des linken Leiters ist

$$E_l = vB_l \sin\alpha_l \quad , \tag{6.66}$$

an der Stelle des rechten Leiters ist

$$E_r = vB_r \sin \alpha_r \,. \qquad (6.67)$$

Hierbei ist

$$\sin \alpha_l = \sin(\pi - \alpha_l) = \frac{vt - b}{\sqrt{z_o^2 + (vt - b)^2}} \qquad (6.68)$$

(vgl. Bild 6.29) und

$$\sin \alpha_r = \sin(\pi - \alpha_r) = \frac{vt + b}{\sqrt{z_o^2 + (vt + b)^2}} \,. \qquad (6.69)$$

Damit wird

$$E_l = \frac{v\mu\, i_e\,(vt - b)}{2\pi\left[z_o^2 + (vt - b)^2\right]}$$

und

$$E_r = \frac{v\mu\, i_e\,(vt + b)}{2\pi\left[z_o^2 + (vt + b)^2\right]} \,.$$

Setzt man dies in Gl. (6.41) ein, so ergibt sich

$$\boxed{i = \frac{av\mu\, i_e}{2\pi R}\left[\frac{vt + b}{z_o^2 + (vt + b)^2} - \frac{vt - b}{z_o^2 + (vt - b)^2}\right]} \,.$$

6.19 Bei der Lösung dieser Aufgabe kann man ebenso vorgehen wie bei Aufgabe 6.18.
Es wird (vgl. Bild 6.30) :

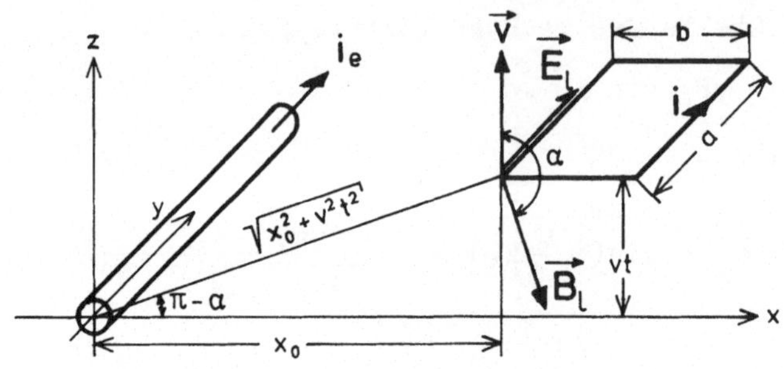

Bild 6.30
Zur Berechnung der elektrischen Feldstärke

$$B_l = \frac{\mu i_e}{2\pi\sqrt{v^2t^2+x_o^2}} \;;\; B_r = \frac{\mu i_e}{2\pi\sqrt{v^2t^2+(x_o+b)^2}}$$

$$\sin\alpha_l = \sin(\pi-\alpha_l) = \frac{vt}{\sqrt{v^2t^2+x_o^2}}$$

$$\sin\alpha_r = \sin(\pi-\alpha_r) = \frac{vt}{\sqrt{v^2t^2+(x_o+b)^2}}$$

$$\boxed{i = \frac{av^2t\mu i_e}{2\pi R}\left[\frac{-1}{v^2t^2+x_o^2}+\frac{1}{v^2t^2+(x_o+b)^2}\right]} .$$

6.20 Um u aus dem Induktionsgesetz

$$u = -\,d\Phi/dt \tag{6.17}$$

berechnen zu können, wird zunächst Φ berechnet (vgl. Bild 6.31):

Bild 6.31
Zur Berechnung des magnetischen Flusses

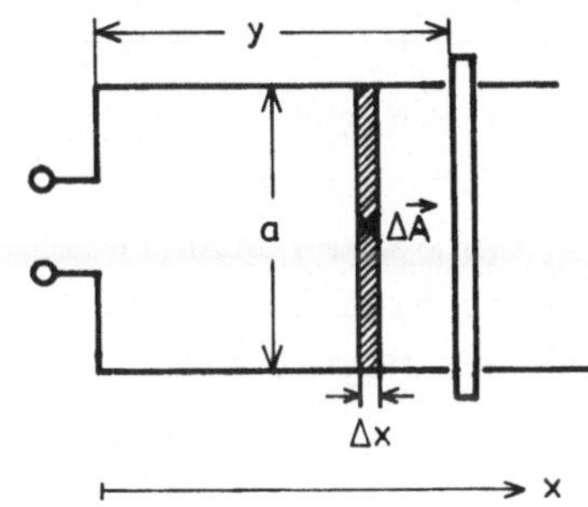

$$\Delta\Phi = B(x,t)\cdot\Delta A$$

$$\Delta\Phi = \hat{B}\,\sin(\tfrac{\pi}{b}x)\,\sin\Omega t\cdot a\,\Delta x$$

$$\Phi = \int_0^{\Phi} d\Phi = a\hat{B}\cdot\sin\Omega t\cdot\int_0^{y}\sin(\tfrac{\pi}{b}x)dx. \qquad (6.70)$$

Hierbei bezeichnet y die Stelle, an der sich der bewegliche Leiter gerade befindet:

$$y = b + vt\ .$$

Die Auswertung des Integrals in Gleichung (6.70) ergibt

$$\Phi = a\hat{B}\,\sin\Omega t\cdot\frac{b}{\pi}\left(1 - \cos\frac{\pi}{b}y\right)$$

$$\Phi = a\hat{B}\,\sin\Omega t\cdot\frac{b}{\pi}\left[1 - \cos\left(\pi + \frac{\pi}{b}vt\right)\right]$$

$$\Phi = a\hat{B}\,\frac{b}{\pi}\sin\Omega t\cdot\left[1 + \cos\left(\frac{\pi}{b}vt\right)\right]\ .$$

Eingesetzt ins Induktionsgesetz (6.17) ergibt dies

$$\boxed{u = -\frac{ab\hat{B}}{\pi}\left[\Omega\cos\Omega t\left(1+\cos\frac{\pi}{b}vt\right) - \frac{\pi v}{b}\sin\Omega t\,\sin\frac{\pi}{b}vt\right]}\ .$$

c. Netze im Magnetfeld

A U F G A B E N

6.21 Ein ebenes Drahtnetz befindet sich in einem homogenen Magnetfeld (Bild 6.32). Die magnetische Flußdichte steht senkrecht auf der Ebene des Netzes; der Betrag der Flußdichte hängt von der Zeit ab:

$$B = \hat{B}\,(1 + \cos\omega t)\ .$$

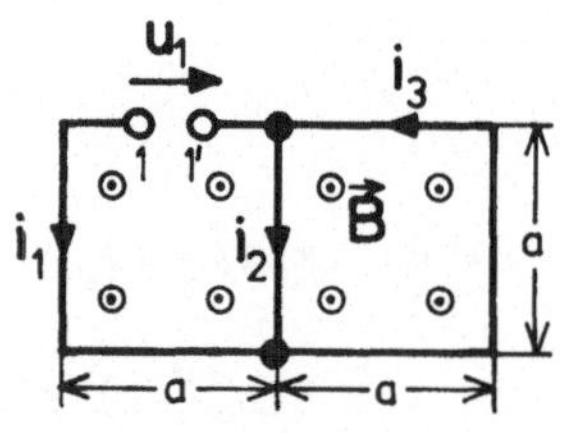

Bild 6.32
Zweimaschiges Netz in einem zeitabhängigen Magnetfeld

Der Draht hat die Leitfähigkeit $\varkappa$ und den Querschnitt A .

6.21.1 Die linke Masche ist an den Stellen 1 und 1' unterbrochen. Welche Spannung entsteht auf der geraden Verbindungslinie zwischen den Punkten 1 und 1' ? Man berechne außerdem den Strom i_2 .

6.21.2 Die linke Masche wird durch einen geraden Verbindungsdraht ($\varkappa$, A) geschlossen. Man berechne i_1 , i_2 und i_3 .

6.22 Ein Drahtnetz besteht aus drei Maschen und liegt in der Ebene z = 0 (Bild 6.33) . Die drei Maschen sind gleich große Quadrate mit der Seitenlänge a . Der Draht hat die Leitfähigkeit $\varkappa$ und überall den Querschnitt A .

Ein homogenes zeitabhängiges Magnetfeld $\vec{B}$ durchdringt das ganze Netz. Die magnetische Flußdichte hat nur eine z - Komponente:

$$B_z = \hat{B}_z \cos \omega t \,.$$

Man berechne die Ströme i_1 , i_2 und i_3 .

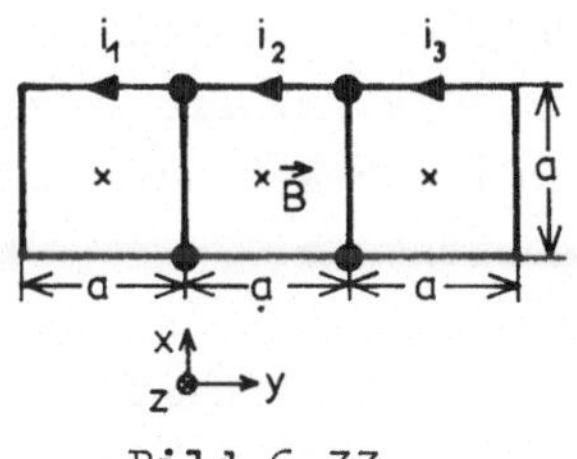

Bild 6.33
Dreimaschiges Netz in einem zeitabhängigen Magnetfeld

6.23 Ein Drahtgitter besteht aus vier Maschen und liegt in der Ebene z = 0 (Bild 6.34). Die vier Maschen sind gleichseitige Dreiecke mit der Seitenlänge a . Der Draht hat die Leitfähigkeit $\varkappa$ und überall den Querschnitt A . Ein homogenes zeitabhängiges Magnetfeld $\vec{B}$ durchdringt das ganze Gitter. Die magnetische Flußdichte hat nur eine z - Komponente :

$$B_z = \hat{B}_z \cos \omega t \,.$$

Man berechne die Ströme i_1 und i_2 .

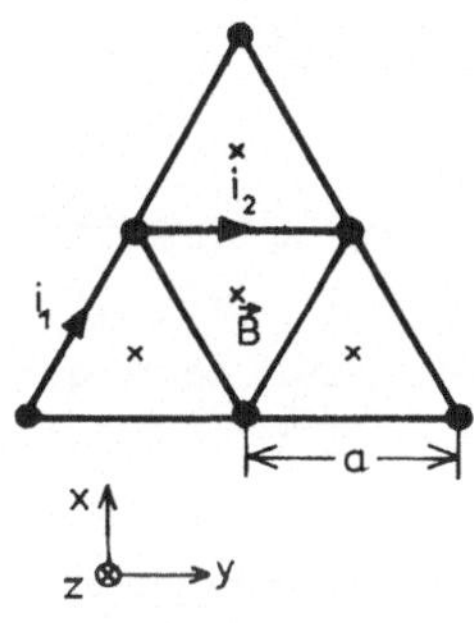

Bild 6.34
Viermaschiges Netz in einem zeitabhängigen Magnetfeld

6.24 Ein Drahtgitter hat die Form eines Quadrates mit Diagonalen, die in der Mitte leitend miteinander verbunden sind (Bild 6.35). Das Quadrat hat die Seitenlänge a und liegt in der Ebene z = 0.

Ein homogenes zeitabhängiges Magnetfeld $\vec{B}$ durchdringt das ganze Gitter. Die magnetische Flußdichte hat nur eine z-Komponente:

$$B_z = \hat{B}_z \sin \omega t \ .$$

Der Draht hat überall den Querschnitt A und die Leitfähigkeit $\varkappa$.
Man berechne die Ströme i_1 , i_3 und i_8 .

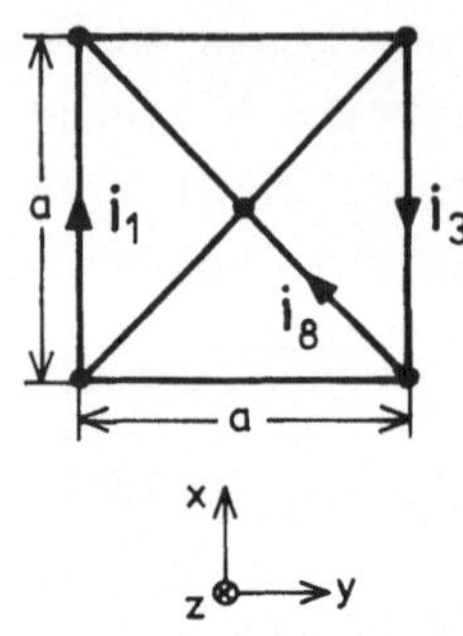

Bild 6.35

Symmetrisches Netz in einem zeitabhängigen Magnetfeld

6.25 Ein quadratisches Drahtgitter mit der Seitenlänge 3a besteht aus neun quadratischen Maschen mit der Seitenlänge a (Bild 6.36). Das Gitter liegt in der Ebene z = 0 und wird ganz von einem Magnetfeld durchdrungen, dessen Flußdichte nur eine z-Komponente hat:

$$B_z = \hat{B}_z \cos \omega t \ .$$

Der Gitterdraht hat überall den Querschnitt A und die Leitfähigkeit $\varkappa$.
Man berechne die Ströme i_1 , i_2 und i_3 .

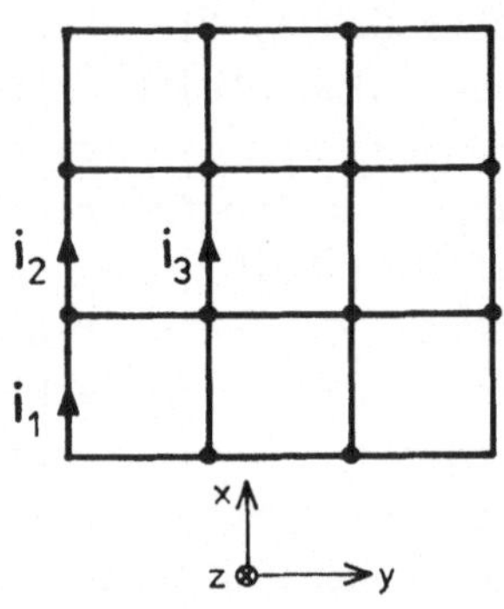

Bild 6.36

Symmetrisches Netz in einem zeitabhängigen Magnetfeld

6.26 Die in Bild 6.37 dargestellte Anordnung besteht aus einem um die Achse S drehbaren Rad aus dünnem Draht, der die Leitfähigkeit $\varkappa$ und den Querschnitt A hat, und aus einem feststehenden Teil mit den Schleifkontakten m und n . Das Rad rotiert mit der Winkelgeschwindigkeit ω und befindet sich zur Hälfte in einem homogenen Magnetfeld mit der konstanten Flußdichte $\vec{B}$. Die Feldlinien verlaufen parallel zur Achse S . An den Punkten m und n wird von dem sich drehenden Rad über die Schleifkontakte die Spannung u abgenommen. Das Rad befindet sich zur Zeit t = 0 in der Stellung $\varphi = 0$.

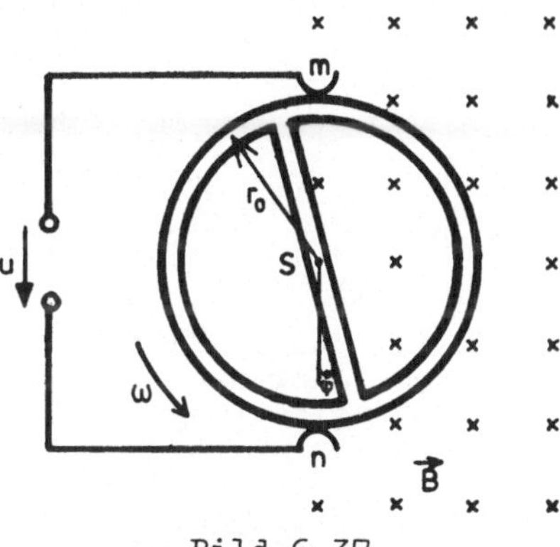

Bild 6.37
Erzeugung einer Spannung durch Drehung eines leitenden Rades

Man berechne die Spannung u(t) unter der Voraussetzung, daß die Selbstinduktivität des Rades vernachlässigbar ist.

6.27 Ein Drahtgitter hat die in Bild 6.38 dargestellten Abmessungen. Der Draht hat überall den Querschnitt A und die Leitfähigkeit $\varkappa$. Das Gitter liegt in der Ebene z = 0 . Ein homogenes, zeitabhängiges Magnetfeld $\vec{B}$, das nur eine z-Komponente hat,

$$B_z = \hat{B}_z \sin \omega t ,$$

durchdringt das ganze Gitter.

6.27.1 Man berechne den Strom i_1 .

6.27.2 Wie groß muß h werden, damit i_1 verschwindet?

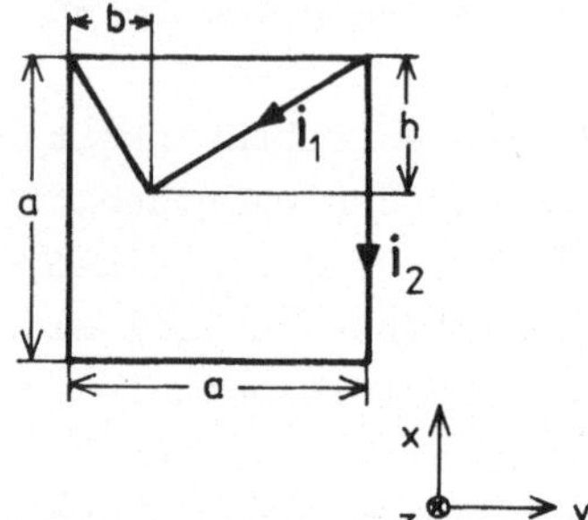

Bild 6.38
Zweimaschiges Netz in einem homogenen und zeitabhängigen Magnetfeld

6.28 Eine Leiterschleife dringt mit der konstanten Geschwindigkeit $\vec{v}$ in ein homogenes Magnetfeld ein, das an der Stelle x = 0 beginnt und senkrecht zur Ebene der Leiterschleife steht (Bild 6.39). Der rechte Leiter erreicht das Magnetfeld, also die Stelle x = 0, zur Zeit t = 0 .

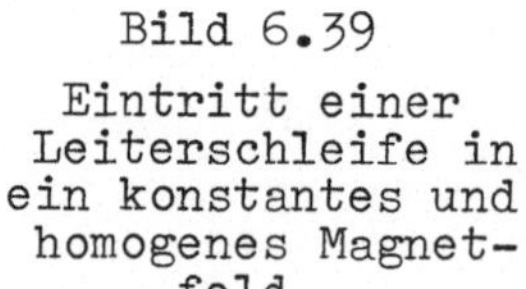
Bild 6.39
Eintritt einer Leiterschleife in ein konstantes und homogenes Magnetfeld

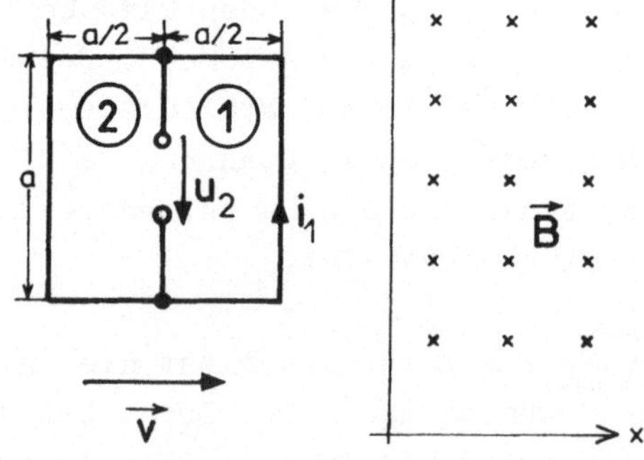

Das Magnetfeld $\vec{B}$ ist zeitlich konstant. Der Draht, aus dem die Leiterschleife besteht, hat überall den Querschnitt A und die Leitfähigkeit $\varkappa$. Die Selbstinduktivität der Schleife sei vernachlässigbar.

6.28.1 Man berechne den Strom i_1 und die Spannung u_2.

6.28.2 Man skizziere den zeitlichen Verlauf des Stromes i_1 und der Spannung u_2.

6.28.3 Wie groß ist die elektrische Energie, die in der Schleife während des Eintritts in das Magnetfeld verbraucht wird ?

LÖSUNGEN

6.21 6.21.1 Die einzelnen Drahtstücke der Länge a haben den Widerstand

$$R = \frac{a}{A\,\varkappa} \,. \qquad (6.71)$$

Mit der in Bild 6.40 gewählten Richtung des Flächenvektors $d\vec{A}$ ergibt sich für den Fluß durch eines der Quadrate

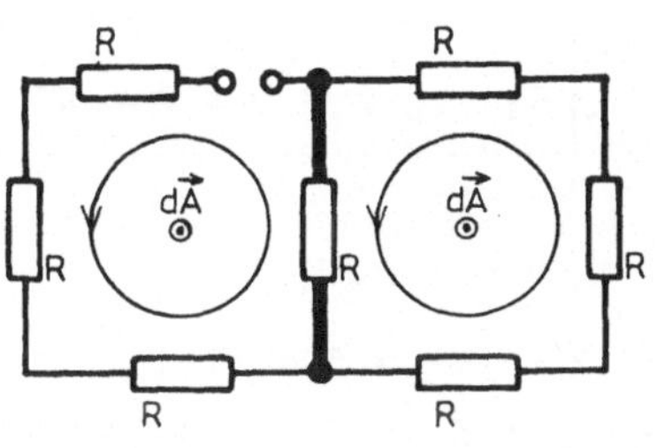

Bild 6.40
Zuordnung des Flächenvektors $d\vec{A}$ zur Richtung des Integrationsumlaufes

$$\Phi = a^2 B = a^2 \hat{B}\,(\cos\omega t + 1) \,. \qquad (6.72)$$

Zu der gewählten Richtung von $d\vec{A}$ gehören bei Rechtsschrauben-Zuordnung die in Bild 6.40 eingezeichneten Umlaufrichtungen. Das Induktionsgesetz ergibt für die rechte Masche:

$$4\,Ri_2 = -\,d\Phi/dt \,. \qquad (6.73)$$

Mit den Gleichungen (6.71) und (6.72) wird hieraus

$$\boxed{i_2 = \frac{1}{4} a \varkappa \omega A\hat{B} \sin \omega t} \quad . \tag{6.74}$$

Für die linke Masche gilt:

$$u_1 + Ri_2 = d\Phi/dt \quad . \tag{6.75}$$

Daraus folgt mit den Gleichungen (6.71),(6.72) und (6.74):

$$\boxed{u_1 = -\frac{5}{4} a^2 \omega \hat{B} \sin \omega t} \quad . \tag{6.76}$$

6.21.2 Wenn die Klemmen 1 und 1' kurzgeschlossen werden, ergibt sich ein Netz mit den drei zunächst unbekannten Strömen i_1, i_2, i_3.
Wegen der Symmetrie der Anordnung gilt

$$i_1 = i_3$$

und deshalb

$$\boxed{i_2 = 0} \; .$$

Wählt man den großen (die beiden Quadrate umfassenden) Umlauf, so ergibt sich aus der Anwendung des Induktionsgesetzes

$$6\,Ri_1 = -\,2d\Phi/dt \,,$$

also

$$\boxed{i_1 = i_3 = \frac{1}{3} a \varkappa \omega A\hat{B} \sin \omega t} \quad . \tag{6.77}$$

Anmerkung:

Falls man sich bei der Berechnung der Ströme die Symmetrie des Netzes nicht zunutze macht, könnte man den mittleren Zweig als Baumzweig wählen und das Gleichungs-System für die beiden Maschenströme i_1 und i_3 mit Hilfe der Maschen-Analyse bestimmen (vgl. Kapitel 4b in BI-Hochschultaschenbuch 778 „Übungen in Grundlagen der Elektrotechnik I") :

$$4R\, i_1 \quad - \quad R\, i_3 \quad = - \,d\Phi/dt$$

$$-R\, i_1 \quad + 4R\, i_3 \quad = - \,d\Phi/dt \; .$$

Die Auflösung dieses Gleichungs-Systems bestätigt das Ergebnis (6.77); im übrigen ist die Symmetrie in Bezug auf i_1 und i_3 auch aus dem Gleichungs-System ohne weiteres zu erkennen.

6.22 Jedes Drahtstück der Länge a hat den Widerstand

$$R = \frac{a}{A\varkappa}. \qquad (6.71)$$

Mit jedem der drei Quadrate ist - entsprechend der in Bild 6.41 getroffenen Festlegung von $d\vec{A}$ - der Fluß

$$\Phi = \int \vec{B}\cdot d\vec{A} = a^2 \hat{B}_z \cos\omega t$$

verkettet, also wird

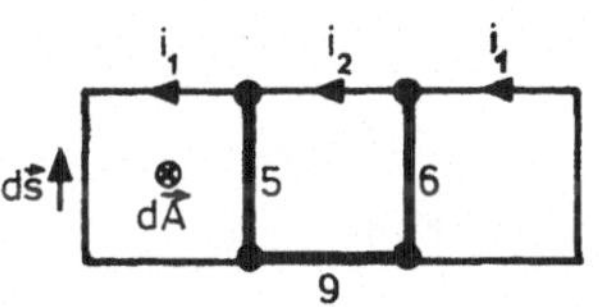

Bild 6.41
Rechtsschraubenzuordnung der Vektoren $d\vec{A}$ und $d\vec{s}$; Wahl des vollständigen Baumes

$$d\Phi/dt = -\,\omega a^2 \hat{B}_z \sin\omega t . \qquad (6.78)$$

Wegen der Symmetrie der Anordnung gilt $\boxed{i_3 = i_1}$, was in Bild 6.41 schon berücksichtigt worden ist. Die Ströme i_1 und i_2 können mit Hilfe der Maschen-analyse bestimmt werden. Den vollständigen Baum setzen wir aus den Zweigen 5,9 und 6 (vgl. Bild 6.41) zusammen.

Das Induktionsgesetz

$$\oint \vec{E}\cdot d\vec{s} = -\frac{d}{dt}\int \vec{B}\cdot d\vec{A} \qquad (6.79)$$

ergibt für

das linke Quadrat: $- 4R\, i_1 + R\, i_2 = -\frac{d\Phi}{dt} \quad \Big| \cdot(-4)$

und für

das mittlere Quadrat: $2R\, i_1 - 4R\, i_2 = -\frac{d\Phi}{dt} \quad \Big| \cdot(-1)$

$$\left.\begin{aligned} 16R\, i_1 - 4R\, i_2 &= 4\frac{d\Phi}{dt} \\ -2R\, i_1 + 4R\, i_2 &= \frac{d\Phi}{dt} \end{aligned}\right\} +$$

$$14R\, i_1 = 5\frac{d\Phi}{dt} \; .$$

Es wird also

$$i_1 = \frac{5}{14R}\,\frac{d\Phi}{dt}$$

und damit

$$i_2 = \frac{6}{14R}\,\frac{d\Phi}{dt} \; .$$

Setzt man die Gleichungen (6.71) und (6.78) in diese Ergebnisse ein, so folgt

$$\boxed{i_1 = -\frac{5}{14}\, a\varkappa\omega\, A\hat{B}_z \sin\omega t} \; ,$$

$$\boxed{i_2 = -\frac{6}{14}\, a\varkappa\omega\, A\hat{B}_z \sin\omega t} \; .$$

6.23 Wegen der Symmetrie des Netzes fließt in allen drei äußeren Zweigen der Strom i_1 und in den drei inneren Zweigen der Strom i_2 (vgl. Bild 6.42). Der Widerstand eines Drahtstückes der Länge a ist

$$R = \frac{a}{A\varkappa} \quad . \qquad (6.71)$$

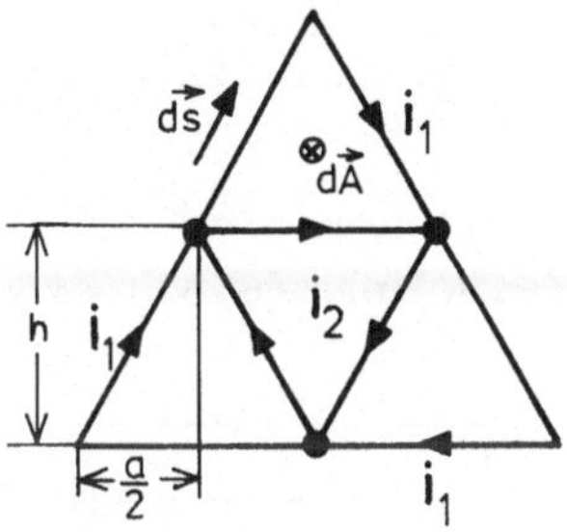

Bild 6.42
Symmetrisches Netz im Magnetfeld

Der Fluß, der mit jedem kleinen Dreieck verkettet ist, wird mit Φ bezeichnet. Das Induktionsgesetz (6.79) ergibt, angewandt für den äußeren Umlauf,

$$6R\, i_1 = -4\, d\Phi/dt, \qquad (6.80)$$

und für den inneren Umlauf:

$$3R\, i_2 = -\, d\Phi/dt. \qquad (6.81)$$

Hierbei wurde in beiden Fällen die Umlaufrichtung im Uhrzeigersinn festgelegt, und die Flächenvektoren $d\vec{A}$ wurden dem Umlaufsinn nach der Rechtsschraubenregel zugeordnet, so daß gilt

$$\Phi = \frac{ah}{2}\hat{B}_z \cos\omega t \ ,$$

wobei h die Höhe der kleinen Dreiecke (Maschen) bezeichnet (vgl. Bild 6.42):

$$h = a\sqrt{3}/2 \ . \qquad (6.82)$$

Damit wird

$$\Phi = \frac{\sqrt{3}}{4} a^2 \hat{B}_z \cos\omega t$$

und

$$\frac{d\Phi}{dt} = -\frac{\sqrt{3}}{4} a^2 \omega \hat{B}_z \sin \omega t \, . \tag{6.83}$$

Setzt man dies und Gl. (6.71) in die Gleichungen (6.80)und (6.81) ein, so ergibt sich

$$\boxed{i_1 = \frac{1}{2\sqrt{3}} a \varkappa \omega A \hat{B}_z \sin \omega t}$$

$$\boxed{i_2 = \frac{1}{4\sqrt{3}} a \varkappa \omega A \hat{B}_z \sin \omega t} \, .$$

<u>6.24</u> Wegen der Symmetrie der Anordnung müssen alle vier dem mittleren Knoten zufließenden Ströme gleich groß sein; da hier außerdem für alle zufließenden Ströme

$$\Sigma i = 0 \tag{6.84}$$

gelten muß, gilt für die zufließenden Ströme:

$$\boxed{i_8 = 0} \qquad \text{u.s.w.}$$

Ein Strom fließt also nur in den vier Seiten des Quadrates, und zwar natürlich in allen vier Seiten der gleiche, so daß gilt

$$i_1 = i_3 \, . \tag{6.85}$$

Wendet man das Induktionsgesetz

$$\oint \vec{E} \cdot d\vec{s} = -\frac{d}{dt} \int \vec{B} \cdot d\vec{A} \tag{6.79}$$

so an, daß der geschlossene Umlauf von den vier Seiten des Quadrates gebildet wird, so gilt

$$4\, i_1\, R = - \frac{d}{dt}(a^2\, \hat{B}_z \sin \omega t) ,$$

wobei R den Widerstand eines Drahtstückes der Länge a bezeichnet:

$$R = \frac{a}{A\,\varkappa} . \tag{6.71}$$

Damit wird

$$i_1 = - \frac{1}{4\,R}\, a^2\, \hat{B}_z\, \omega \cos \omega t$$

und mit Berücksichtigung der Gleichungen (6.85) und (6.71):

$$\boxed{i_1 = i_3 = - \frac{1}{4}\, aA\varkappa\omega\, \hat{B}_z \cos \omega t} .$$

<u>6.25</u> Aus der Symmetrie des Netzes ergibt sich, daß der in Bild 6.36 dargestellte Strom i_1 in drei Zweigen wiederkehrt, so wie es in Bild 6.43 eingezeichnet ist. Entsprechendes gilt für die Ströme i_2 und i_3. Zur Berechnung der drei gesuchten Ströme braucht also tatsächlich nur ein Gleichungs-System mit nur

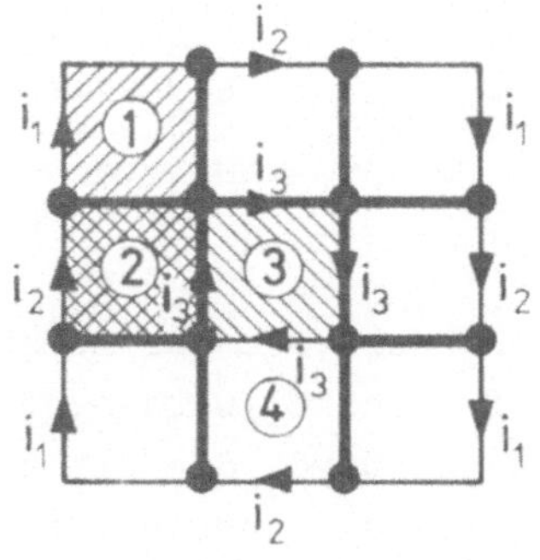

Bild 6.43
Auswahl eines vollständigen Baumes zur Berechnung der Ströme i_1, i_2 und i_3

drei Unbekannten aufgestellt und gelöst zu werden. Zur Lösung der Aufgabe nutzen wir die Methode der Maschen-Analyse (vgl. Kapitel 4b in BI - Hochschultaschenbuch 778 „Übungen in Grundlagen der Elektrotechnik I").

Den vollständigen Baum legen wir so, daß die gesuchten Ströme i_1, i_2 und i_3 zu Maschenströmen werden, siehe Bild 6.43 . Den Widerstand eines Drahtstückes der Länge a bezeichnen wir wieder mit R:

$$R = \frac{a}{\varkappa A} ; \qquad (6.71)$$

den Fluß, der durch eine Masche mit der Seitenlänge a tritt, nennen wir Φ :

$$\Phi = a^2 \hat{B}_z \cos \omega t \quad . \qquad (6.86)$$

Für die Maschen 1,2 und 3 ergibt sich folgendes Gleichungs-System

	i_1	i_2	i_3		
▨ Masche 1:	4R	-2R	0	$-\frac{d\Phi}{dt}$	(6.87a)
▩ Masche 2:	-2R	3R	-R	$-\frac{d\Phi}{dt}$	(6.87b)
▧ Masche 3:	0	0	4R	$-\frac{d\Phi}{dt}$.	(6.87c)

Insbesondere bei der Aufstellung der Gl.(6.87c) muß darauf geachtet werden, daß keiner der Kreisströme vergessen wird, die mit der Masche gekoppelt sind; man achte also besonders auf den Kreisstrom i_2, der die beiden Maschen 3 und 4 umfließt. Aus der Gl. (6.87c) ergibt sich unmittelbar

$$i_3 = - \frac{1}{4R} \frac{d\Phi}{dt} \quad . \qquad (6.88)$$

Mit diesem Resultat ergibt sich für i_1 und i_2 das Gleichungs-System

i_1	i_2		
4R	-2R	$-\,d\Phi/dt$	$\cdot 1$
-2R	3R	$-\frac{4}{5}\,d\Phi/dt$	$\cdot 2$

i_1	i_2		
4R	-2R	$-\,d\Phi/dt$	+
-4R	6R	$-\frac{5}{2}\,d\Phi/dt$	
0	4R	$-\frac{7}{2}\,d\Phi/dt$.	

Es wird also

$$i_2 = -\frac{7}{8R}\frac{d\Phi}{dt}\,; \tag{6.89}$$

setzt man dies in Gl. (6.87a) ein, so ergibt sich

$$i_1 = -\frac{11}{16R}\frac{d\Phi}{dt}\,. \tag{6.90}$$

Mit den Gleichungen (6.71) und (6.86) ergeben sich folgende Endergebnisse:

$$\boxed{i_1 = \frac{11}{16}\,aA\varkappa\omega\,\hat{B}_z\,\sin\omega t}$$

$$\boxed{i_2 = \frac{7}{8}\,aA\varkappa\omega\,\hat{B}_z\,\sin\omega t}$$

$$\boxed{i_3 = \frac{1}{4}\,aA\varkappa\omega\,\hat{B}_z\,\sin\omega t}\,.$$

Kontrolle:

Wir wenden die Ergebnisse (6.88), (6.89) und (6.90) für die Masche 2 an (Bild 6.44).
Es wird

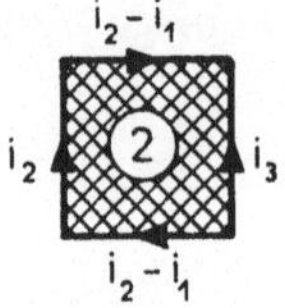

Bild 6.44
Die Ströme in der Masche 2

$$i_2R + (i_2-i_1)R - i_3R + (i_2-i_1)R =$$

$$= 3Ri_2 - 2Ri_1 - i_3R =$$

$$= -\frac{21}{8R}\frac{d\Phi}{dt} + \frac{22}{16R}\frac{d\Phi}{dt} + \frac{1}{4R}\frac{d\Phi}{dt} = -\frac{d\Phi}{dt},$$

was zu zeigen war.

6.26 Den Widerstand der Halbkreisbögen zwischen den Punkten M und N nennen wir R_π :

$$R_\pi = \frac{\pi r_o}{\varkappa A} \qquad (6.91)$$

(vgl. Bild 6.45).
Der Widerstand der Kreisbogenstücke zwischen den Punkten m und M, bzw. n und N, hängt vom Drehwinkel φ ab:

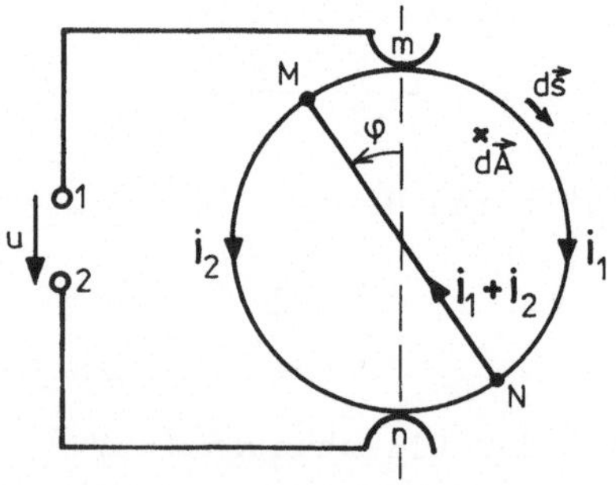

Bild 6.45
Zur Berechnung von i_1 , i_2 und u

$$R_\varphi = \frac{\varphi r_o}{\varkappa A} = \omega t \frac{r_o}{\varkappa A} . \qquad (6.92)$$

Der Widerstand des Durchmessers ist

$$R_d = \frac{2r_o}{\varkappa \cdot A} \quad . \tag{6.93}$$

Das Induktionsgesetz (6.79) wird auf die beiden Maschen angewandt, die der rotierende Teil bildet. Für $0 < t < \pi/\omega$ gilt dann

$$(i_1 + i_2)R_d + i_1 R_\pi = \frac{B\omega r_o^2}{2} \quad \text{(rechte Masche)} \tag{6.94a}$$

$$(i_1 + i_2)R_d + i_2 R_\pi = \frac{B\omega r_o^2}{2} \quad \text{(linke Masche)}. \tag{6.94b}$$

Aus der Addition beider Gleichungen folgt

$$i_1 + i_2 = \frac{B\omega r_o^2}{2R_d + R_\pi} \quad . \tag{6.95}$$

Im Gleichungs-System (6.94) können i_1 und i_2 miteinander vertauscht werden, ohne daß sich das System hierbei ändert, d.h. es gilt $i_1 = i_2$, so daß aus Gl. (6.95) das Ergebnis

$$i_1 = i_2 = \frac{1}{2} \frac{B\omega r_o^2}{2R_d + R_\pi} \tag{6.96}$$

hervorgeht.

Für den großen Umlauf (1, 2, n, N, m; vgl. Bild 6.45) gilt die Spannungsgleichung

$$u = i_1(R_\pi - R_\varphi) - i_2 R_\varphi \; ,$$

da mit diesem Umlauf kein zeitabhängiger Fluß verkettet ist. Es gilt also

$$\boxed{u = \frac{B\omega r_o^2}{2(4 + \pi)} (\pi - 2\omega t) \quad \text{für } 0 < t < \pi/\omega} \; ,$$

d.h. die Spannung u_1 beginnt bei $t = 0$ mit dem Wert

$$u(o) = \frac{B\,\omega\, r_0^{\;2}\,\pi}{2(4+\pi)}$$

und nimmt linear ab auf den Wert

$$u(\frac{\pi}{\omega}) = -\frac{B\,\omega\, r_0^{\;2}\,\pi}{2(4+\pi)}$$

bei $t = \pi/\omega$. Für alle folgenden Perioden wiederholt sich dieser Spannungsverlauf, vgl. Bild 6.46.

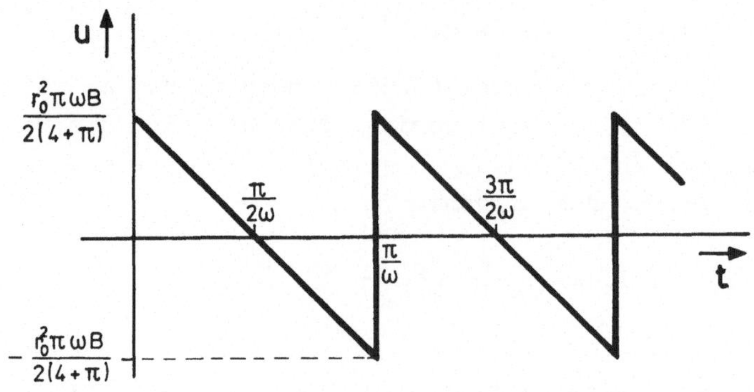

Bild 6.46
Sägezahn-Spannung, die bei der Drehung eines Einspeichenrades entsteht

6.27 6.27.1 Der Widerstand eines Drahtstückes der Länge a ist

$$R = \frac{a}{A\,\varkappa}\quad . \tag{6.71}$$

Die Länge des inneren Zweiges, der vom Strom i_1 durchflossen wird, ist

$$l_1 = \sqrt{h^2 + b^2} + \sqrt{h^2 + (a-b)^2}\,, \qquad (6.97)$$

für den Widerstand R_1 dieses Zweiges ergibt sich daraus

$$R_1 = \frac{\sqrt{h^2 + b^2} + \sqrt{h^2 + (a-b)^2}}{A\,\varkappa}\,. \qquad (6.98)$$

Die Anwendung des Induktionsgesetzes auf den dreieckigen und den quadratischen Umlauf ergibt folgendes Gleichungs-System:

$$(R + R_1)i_1 \quad + \quad Ri_2 = -\frac{ha}{2}\cdot\frac{dB_z}{dt} \qquad (6.99a)$$

$$R\cdot i_1 \quad + 4Ri_2 = -a^2\cdot\frac{dB_z}{dt}\,. \qquad (6.99b)$$

Um i_2 zu eliminieren, wird die Gleichung (6.99a) mit dem Faktor -4 multipliziert und zur Gleichung (6.99b) addiert:

$$-(3R + 4R_1)\,i_1 = (2h - a)\,a\,\frac{dB_z}{dA}$$

$$\boxed{i_1 = (a - 2h)\frac{\varkappa\,\omega\,A\hat{B}_z\,\cos\omega t}{3 + \frac{4}{a}\left[\sqrt{h^2+b^2} + \sqrt{h^2+(a-b)^2}\right]}}\,. \qquad (6.100)$$

6.27.2 Aus der Gleichung (6.100) geht hervor, daß

i_1 verschwindet, wenn

$$(a - 2h) = 0$$

$$\boxed{h = a/2}$$

ist.

6.28 6.28.1 Ein Drahtstück der Länge a hat den Widerstand

$$R = \frac{a}{A \cdot \varkappa} \, . \qquad (6.71)$$

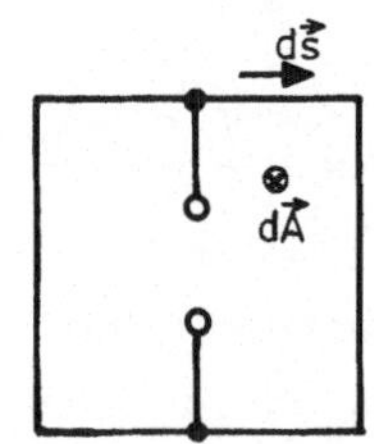

Bild 6.47
Rechtsschraubenzuordnung der Vektoren $d\vec{A}$ und $d\vec{s}$

Für den mit der ganzen Schleife verketteten Fluß gilt

$$\Phi = \int \vec{B} \cdot d\vec{A} \qquad (6.101)$$

$$\Phi = B\,a\,v\,t \qquad \text{für } 0 < t < a/v \, . \qquad (6.102)$$

Die Anwendung des Induktionsgesetzes

$$\oint \vec{E} \cdot d\vec{s} = - \frac{d}{dt} \int \vec{B} \cdot d\vec{A} \qquad (6.79)$$

auf den Umlauf, der von der ganzen (quadratischen) Schleife gebildet wird, ergibt:

$$- 4R\, i_1 = - d\Phi /dt$$

(vgl. Bild 6.47), und mit den Gleichungen (6.71) und (6.101) wird

$$4 \frac{a}{A\, \varkappa}\, i_1 = B\, a\, v$$

$$\boxed{i_1 = \frac{1}{4} v \varkappa AB \quad \text{für} \quad 0 < t < a/v} \, . \tag{6.103}$$

Zur Berechnung der Spannung u_2 wenden wir während der Zeit $0 < t < a/(2v)$ (erste Hälfte des Eindringvorganges) das Induktionsgesetz auf die linke Masche der Leiterschleife (Masche 2 in Bild 6.39) an:

$$-2R\, i_1 + u_2 = 0 \quad \text{für } 0 < t < \frac{a}{2v} \, . \tag{6.104}$$

Ebenso wenden wir das Induktionsgesetz während der Zeit $a/(2v) < t < a/v$ auf die rechte Masche (Masche 1 in Bild 6.39) an:

$$-2R \cdot i_1 - u_2 = 0 \quad \text{für } \frac{a}{2v} < t < \frac{a}{v} \, . \tag{6.105}$$

In den beiden Gleichungen (6.104) und (6.105) setzen wir das Ergebnis (6.103) ein und erhalten so

$$u_2 = +\frac{1}{2} a\, v\, B \quad \text{für} \quad 0 < t < \frac{a}{2v} \tag{6.106a}$$

$$u_2 = -\frac{1}{2} a\, v\, B \quad \text{für} \quad \frac{a}{2v} < t < \frac{a}{v} \, . \tag{6.106b}$$

Für $t < 0$ und $t > a/v$ werden i_1 und u_2 gleich null.

6.28.2 Die Gleichungen (6.103) und (6.106) werden in Bild 6.48 veranschaulicht.

6.28.3 In der Schleife wird während der Zeit

$0 < t < a/v$

die Leistung

$$P = i_1^2 \cdot 4R = (avB)^2 / (4R)$$

umgesetzt. Die Energie ist

$$W = \int_0^{a/v} P\,dt = \frac{(avB)^2}{4R}\,\frac{a}{v}$$

$$\boxed{W = \frac{1}{4}\,v\varkappa\,a^2\,AB^2} \quad .$$

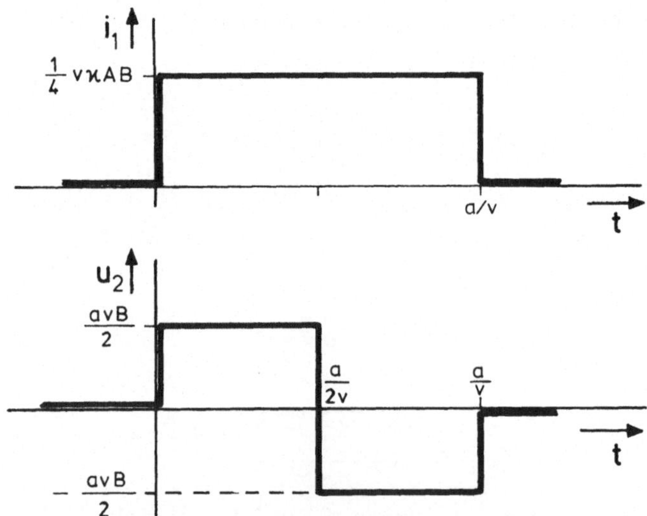

Bild 6.48

Verlauf des Stromes und der Spannung während des Eindringens der Leiterschleife in ein homogenes, konstantes Magnetfeld

d. Die magnetische Flußdichte und die magnetische Erregung an Grenzflächen; der Druck auf Grenzflächen

A U F G A B E N

6.29 An der Grenzschicht zweier Stoffe mit den Permeabilitäten μ_1 und μ_0 sind der Betrag B_1 und der Winkel α_1 gegeben, den die magnetische Flußdichte $\vec{B}_1$ mit der Normalen der Grenzschicht bildet (μ_0 = Permeabilität des Vakuums), vgl. Bild 6.49.

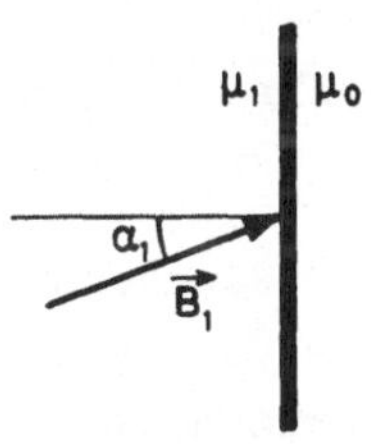

Bild 6.49
Magnetische Flußdichte an einer Grenzschicht

6.29.1 Wie groß muß μ_1 sein, wenn in beiden Stoffen die magnetische Energiedichte gleich groß sein soll?

6.29.2 Welcher Druck wirkt hierbei auf die Grenzfläche?

6.30 Durch einen langen geraden Draht fließt der Strom i . Konzentrisch um den Draht liegt ein Ringkern von rechteckigem Querschnitt; der Ringkern ist halbiert, so wie es in Bild 6.50 dargestellt ist, und hat in Richtung der Drahtachse die Länge a . Die Permeabilität

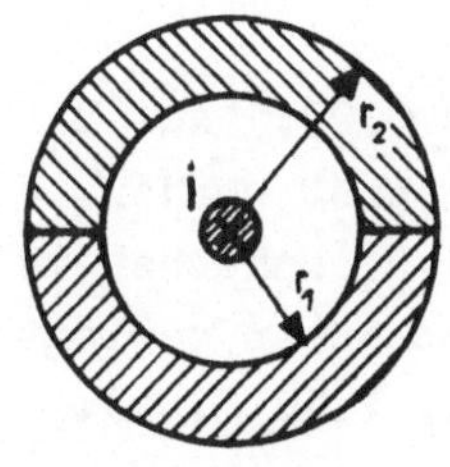

Bild 6.50
Zweiteiliger Ringkern im Magnetfeld eines stromdurchflossenen langen Leiters

μ_1 des Kernes ist konstant und größer als die Permeabilität μ_o der umgebenden Luft:

$$\mu_1 > \mu_o \ .$$

6.30.1 Das Magnetfeld des Stromes i bewirkt, daß sich die beiden Hälften anziehen. Man berechne die Anziehungskraft F_1 als Funktion der vorgegebenen Größen r_1 , r_2 , a , μ_1 und i .

6.30.2 Der Ringkern hat die Dichte γ. Die obere Hälfte des Kernes werde festgehalten, und auf die untere wirkt außer der Kraft F_1 die Schwerkraft F_2. Wie groß darf r_2 höchstens werden, wenn r_1 , i , μ_1 und γ gegeben sind und die untere Hälfte nicht herabfallen soll?

6.30.3 Welche Bedingung muß r_1 erfüllen, wenn die untere Hälfte nicht herabfallen soll?

Hinweis: Zwischen den beiden Hälften des Kernes befindet sich ein verschwindend kleiner Luftspalt.

L Ö S U N G E N

6.29 6.29.1 Aus B_1 kann B_o berechnet werden. Hierzu wird B_1 zunächst in seine Komponenten zerlegt (vgl. Bild 6.51):

$$B_{1t} = B_1 \sin\alpha_1 \qquad (6.107a)$$

$$B_{1n} = B_1 \cos\alpha_1 . \qquad (6.107b)$$

Für die Komponenten der Flußdichten beiderseits

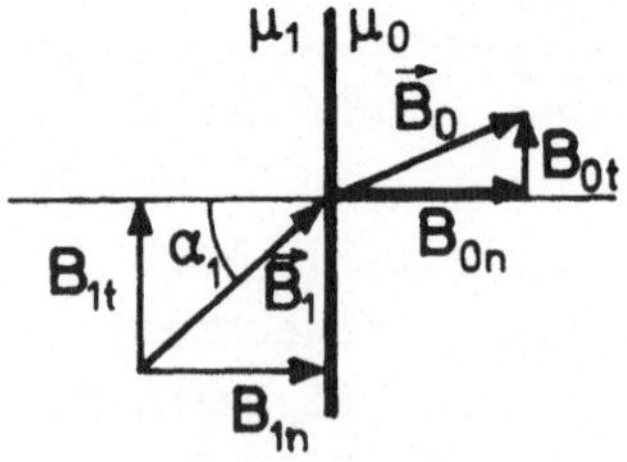

Bild 6.51
Zur Berechnung der magnetischen Flußdichte an einer Grenzfläche

der Grenzschicht gelten folgende Grenzbedingungen:

$$B_{on} = B_{1n} \quad (6.108a)$$

$$B_{ot}/\mu_o = B_{1t}/\mu_1 . \quad (6.108b)$$

Setzt man hier die Gleichungen (6.107) ein, so erhält man

$$B_{on} = B_1 \cos\alpha_1 ,$$
$$B_{ot} = \frac{\mu_0}{\mu_1} B_1 \sin\alpha_1$$

als Komponenten der Flußdichte B_o :

$$B_o^2 = B_{on}^2 + B_{ot}^2 = B_1^2 \left(\cos^2\alpha_1 + \frac{\mu_0^2}{\mu_1^2}\sin^2\alpha_1\right). \quad (6.109)$$

Die Energie-Dichte im Medium 1 ist

$$w_1 = \frac{1}{2} B_1^2/\mu_1 ,$$

im Medium 0 ist sie

$$w_2 = \frac{1}{2} B_o^2/\mu_o .$$

Die Energiedichten sollen gleich sein, also

$$\frac{1}{2} B_1^2 / \mu_1 = \frac{1}{2} B_o^2 / \mu_o$$

$$B_o^2 = \frac{\mu_0}{\mu_1} B_1^2 . \quad (6.110)$$

Der Vergleich der Gleichungen (6.109) und (6.110) liefert

$$\frac{\mu_0}{\mu_1} = \cos^2\alpha_1 + \frac{\mu_0^2}{\mu_1^2}\sin^2\alpha_1 .$$

Mit der Abkürzung $\mu_o / \mu_1 = q$ wird daraus eine quadratische Gleichung für q:

$$q = \cos^2 \alpha_1 + q^2 \sin^2 \alpha_1 .$$

Hieraus erkennt man unmittelbar die triviale Lösung $q = 1$, also $\mu_o = \mu_1$. Die Auflösung der quadratischen Gleichung ergibt

$$q = \frac{1}{2 \sin^2 \alpha_1} \left(1 \pm \sqrt{1 - 4 \cos^2 \alpha_1 \sin^2 \alpha_1} \right) .$$

Wegen $\sin 2\alpha_1 = 2 \sin \alpha_1 \cos \alpha_1$ wird daraus

$$q = \frac{1}{2 \sin^2 \alpha_1} \left(1 \pm \sqrt{1 - \sin^2 2\alpha_1} \right)$$

$$q = \frac{1}{2 \sin^2 \alpha_1} \left(1 \pm \cos 2\alpha_1 \right)$$

$$q = \frac{1}{2 \sin^2 \alpha_1} \left(1 \pm \cos^2 \alpha_1 \mp \sin^2 \alpha_1 \right)$$

$$q = \begin{cases} \dfrac{1}{2 \sin^2 \alpha_1} \, 2 \cos^2 \alpha_1 = \cot^2 \alpha_1 \\[2ex] \dfrac{1}{2 \sin^2 \alpha_1} \, 2 \sin^2 \alpha_1 = 1 \end{cases} .$$

Wenn die Energiedichte in beiden Medien gleich sein soll, dann muß also gelten:

$$\boxed{\mu_1 = \begin{cases} \mu_o \tan^2 \alpha_1 & (6.111a) \\ \mu_o & (6.111b) \end{cases}} .$$

Da $\mu_1 \geq \mu_0$ sein muß, kommt innerhalb des Winkelbereichs $\alpha_1 \leq \pi/4$ nur die zweite Lösung in Frage.

6.29.2 Wenn der Druck σ auf die Grenzfläche vom Medium 1 zum Medium 2 hin positiv gezählt wird (Bild 6.52), dann gilt

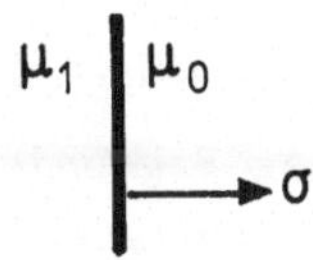

Bild 6.52
Zählpfeil für den Druck auf die Grenzfläche

$$\sigma_{(n)} = \frac{1}{2} B_{1n}^2\left(\frac{1}{\mu_0} - \frac{1}{\mu_1}\right) = \frac{1}{2}\frac{B_{1n}^2}{\mu_1\mu_0}(\mu_1 - \mu_0) \tag{6.112a}$$

$$\sigma_{(t)} = \frac{1}{2} H_{1t}^2(\mu_1 - \mu_0) = \frac{1}{2}\frac{B_{1t}^2}{\mu_1^2}(\mu_1 - \mu_0)\,. \tag{6.112b}$$

Hierbei bezeichnet $\sigma_{(n)}$ den Druck auf Grund der Normalkomponenten und $\sigma_{(t)}$ den Druck auf Grund der Tangentialkomponenten des Magnetfeldes. Für den gesamten Druck gilt:

$$\sigma = \sigma_{(n)} + \sigma_{(t)} = \frac{1}{2}(1 - \mu_0/\mu_1)(B_{1n}^2/\mu_0 + B_{1t}^2/\mu_1)$$

$$\sigma = \frac{1}{2}(1 - \mu_0/\mu_1)\frac{1}{\mu_0}\left(B_{1n}^2 + \frac{\mu_0}{\mu_1}B_{1t}^2\right)\,.$$

Mit den Gleichungen (6.111a) und (6.107) wird daraus

$$\sigma = \frac{1}{2}(1 - \cot^2\alpha_1)\frac{B_1^2}{\mu_0}(\cos^2\alpha_1 + \cot^2\alpha_1\,\sin^2\alpha_1)$$

$$\sigma = \frac{B_1^2}{\mu_0}\cos^2\alpha_1(1-\cot^2\alpha_1) = \frac{B_1^2}{\mu_0}\cos^2\alpha_1\,\frac{\sin^2\alpha_1 - \cos^2\alpha_1}{\sin^2\alpha_1}$$

$$\boxed{\sigma = -\frac{B_1^2}{\mu_0} \cot^2 \alpha_1 \cos 2\alpha_1} \quad .$$

Da dieses Ergebnis - entsprechend der Anmerkung zu den Gleichungen (6.111)- nur für den Bereich $\pi/4 < \alpha_1 \leq \pi/2$ gilt, ist $\cos 2\alpha_1$ für alle in Frage kommenden Werte negativ, der Druck σ also positiv. Dies entspricht der Tatsache, daß der Druck immer vom Medium mit der höheren Permeabilität zu dem mit der niedrigeren wirkt.

6.30 6.30.1 Wegen der Zylindersymmetrie der Anordnung (der Luftspalt ist verschwindend klein, vgl. Bild 6.50, d.h. es gilt

$l_{Eisen}/l_{Luft} \gg \mu_E/\mu_L$)

ergibt sich aus dem Durchflutungsgesetz

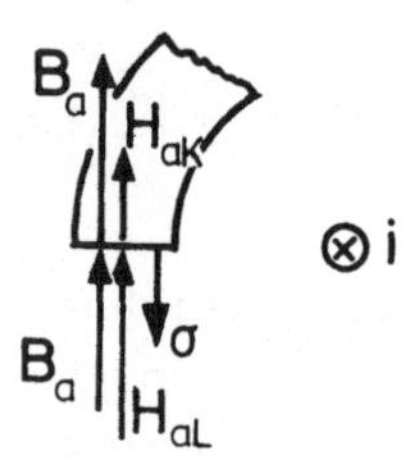

Bild 6.53
Zur Berechnung des Drucks am Luftspalt

$$\oint \vec{H} \cdot \vec{ds} = i \tag{6.113}$$

einfach

$$H = \frac{i}{2\pi r} \quad . \tag{6.114}$$

Dies gilt im Ringkern ($r_1 \leq r \leq r_2$), so wie innerhalb ($r < r_1$) und außerhalb ($r > r_2$) von ihm. Im Ringkern ist daher

$$H_{aK} = \frac{i}{2\pi r} \quad , \quad B_a = \mu_1 \frac{i}{2\pi r}$$

(vgl. Bild 6.53).

Am Luftspalt steht das Feld senkrecht zur Grenzfläche, also ist auch im Luftspalt $B = B_a$; die magnetische Erregung wird im Luftspalt

$$H_{aL} = \frac{B_a}{\mu_o} = \frac{\mu_1}{\mu_o} \cdot \frac{i}{2\pi r} .$$

Auf die Grenzfläche, zu der das Feld senkrecht steht, wirkt vom Kern zum Luftspalt hin der Druck

$$\sigma_a = \frac{1}{2} B_a \; (H_{oL} - H_{aK}) = \frac{1}{2} \mu_1 \left(\frac{i}{2\pi r}\right)^2 \left(\frac{\mu_1}{\mu_o} - 1\right) .$$

Dieser Druck wirkt am linken und am rechten Luftspalt, es entsteht also die vom Kern zum Luftspalt gerichtete Kraft

$$F_a = \int \sigma_a dA = 2 \int_{r_1}^{r_2} \sigma_a a \; dr = \mu_1 \left(\frac{i}{2\pi}\right)^2 \left(\frac{\mu_1}{\mu_o} - 1\right) a \int_{r_1}^{r_2} \frac{dr}{r^2}$$

$$F_a = a \left(\frac{i}{2\pi}\right)^2 \mu_1 \left(\frac{\mu_1}{\mu_o} - 1\right) \left(\frac{1}{r_1} - \frac{1}{r_2}\right) . \qquad (6.115)$$

Diese Kraft zieht die obere Kernhälfte nach unten. An der Grenzfläche mit dem Radius r_2 verläuft das Magnetfeld tangential (vgl. Bild 6.54); hier ist im Kern und in der Luft die magnetische Erregung gleich groß:

$$H_b'' = \frac{i}{2\pi r_2} .$$

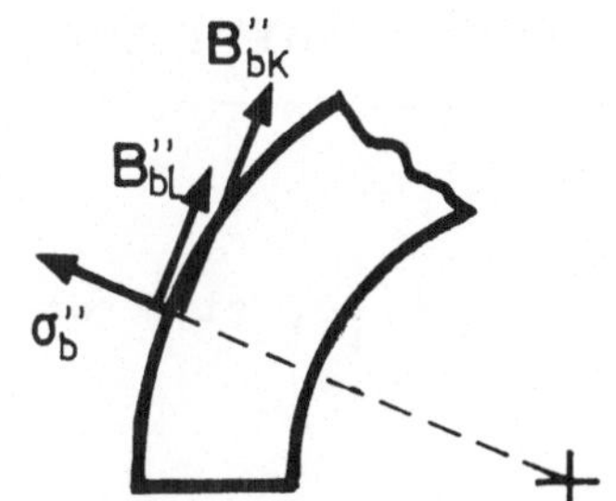

Bild 6.54
Zur Berechnung des Druckes an der Außenfläche des Kernes

Die Flußdichte im Kern ist

$$B''_{bK} = \mu_1 \frac{i}{2\pi r_2}$$

und in der Luft

$$B''_{bL} = \mu_o \frac{i}{2\pi r_2} \quad .$$

Es entsteht der Druck

$$\sigma''_b = \frac{1}{2} H''_b (B''_{bK} - B''_{bL})$$

$$\sigma''_b = \frac{1}{2} \left(\frac{i}{2\pi r_2} \right)^2 (\mu_1 - \mu_o)$$

in Richtung vom Kern zur Luft (vgl. Bild 6.54).

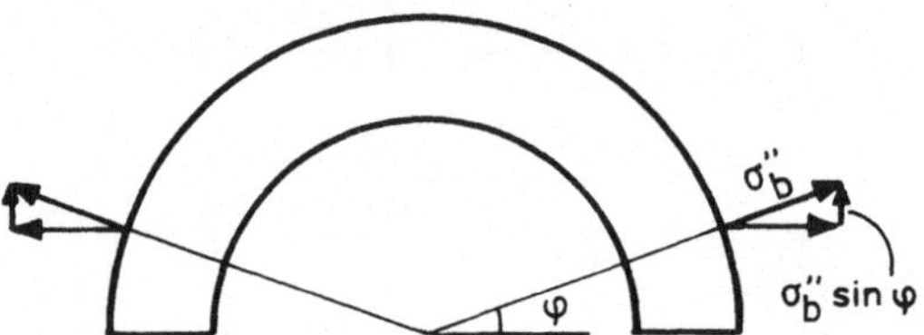

Bild 6.55
Zerlegung des Außenflächendruckes in Horizontal- und Vertikalkomponenten

Die Horizontalkomponenten dieses Druckes kompensieren sich (vgl. Bild 6.55); die Integration der Vertikalkomponenten ergibt die Kraft

$$F''_b = \int \sigma''_b \sin\varphi \; dA = \int_0^{\pi} \sigma''_b \, a r_2 \sin\varphi \; d\varphi$$

$$F''_b = \frac{1}{2} \left(\frac{i}{2 \cdot \pi} \right)^2 \frac{1}{r_2} (\mu_1 - \mu_0) a \int_0^{\pi} \sin\varphi \; d\varphi$$

$$F_b'' = a \left(\frac{i}{2\pi}\right)^2 (\mu_1 - \mu_o)\frac{1}{r_2} \,. \qquad (6.116)$$

Diese Kraft wirkt in Richtung vom Kern zur Luft, zieht also die obere Kernhälfte nach oben.

An der oberen Kernhälfte wirkt außerdem an der Grenzfläche mit dem Radius r_1 eine Kraft

$$F_b' = a \left(\frac{i}{2\pi}\right)^2 (\mu_1 - \mu_o)\frac{1}{r_1} \,, \qquad (6.117)$$

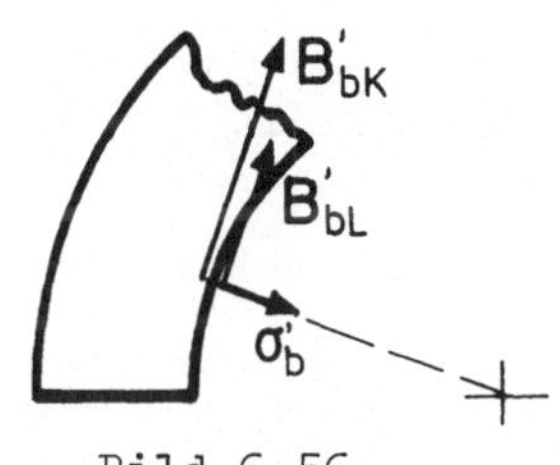

Bild 6.56
Zur Berechnung des Druckes an der Innenfläche des Kernes

die nach unten gerichtet ist und ebenso wie F_b'' berechnet wird (vgl. Bild 6.56). Insgesamt wirkt auf die obere Hälfte die nach unten gerichtete Kraft

$$F_1 = F_a + F_b' - F_b'' \,,$$

mit den Gleichungen (6.115), (6.116) und (6.117) wird also

$$\boxed{F_1 = a\left(\frac{i}{2\pi}\right)^2 \left(\frac{1}{r_1} - \frac{1}{r_2}\right) \frac{\mu_1^2 - \mu_o^2}{\mu_o}} \,. \qquad (6.118)$$

Auf die untere Hälfte wirkt dieselbe Kraft, nur nach oben gerichtet.

6.30.2 Auf die untere Kernhälfte wirkt außer der nach oben wirkenden Kraft F_1 die Schwerkraft F_2:

$$F_2 = \frac{\pi}{2}(r_2^2 - r_1^2)a\gamma g = \frac{\pi}{2}a\gamma g\,(r_2 + r_1)(r_2 - r_1) \,. \qquad (6.119)$$

Mit der Abkürzung

$$K_2 = \frac{\pi}{2} a \gamma g \tag{6.120}$$

wird hieraus

$$F_2 = K_2 (r_2 + r_1)(r_2 - r_1) \ , \tag{6.121}$$

und mit der Abkürzung

$$K_1 = a \left(\frac{i}{2\pi}\right)^2 \frac{\mu_1^2 - \mu_o^2}{\mu_o} \tag{6.122}$$

nimmt die Gleichung (6.118) die folgende einfache Form an:

$$F_1 = K_1 \frac{r_2 - r_1}{r_2 \, r_1} \ . \tag{6.123}$$

Der Vergleich der Gleichungen (6.121) und (6.123) zeigt, daß F_2 mit wachsendem Radius r_2 stärker als F_1 wächst. Die Bedingung für den maximalen Radius r_2 erhält man aus

$$F_1 = F_2 \ .$$

Mit den Gleichungen (6.121) und (6.123) folgt daraus

$$K_1 \frac{r_2 - r_1}{r_2 \, r_1} = K_2 (r_2 + r_1)(r_2 - r_1)$$

$$\frac{K_1}{K_2 \, r_1} = (r_2 + r_1) r_2 \ .$$

Die Auflösung dieser quadratischen Gleichung für r_2 ergibt

$$r_2 = -\frac{r_1}{2} + \sqrt{\frac{K_1}{K_2\, r_1} + \left(\frac{r_1}{2}\right)^2} \;.$$

Setzt man für die Abkürzungen K_1 und K_2 die rechten Seiten der Gleichungen (6.120) bzw. (6.122) ein, so ergibt sich, daß der Radius r_2 den Wert

$$\boxed{r_2 = -\frac{r_1}{2} + \sqrt{\frac{r_1^2}{4} + \frac{i^2\,(\mu_1^2 - \mu_o^2)}{2\,\mu_o\,\pi^3\,\gamma\, g\, r_1}}} \qquad (6.124)$$

nicht überschreiten darf, falls die untere Kernhälfte nicht abfallen soll.

6.30.3 Da voraussetzungsgemäß $r_1 < r_2$ ist, folgt aus der Bedingung (6.124)

$$r_1 < r_2 = -\frac{r_1}{2} + \sqrt{\frac{i^2(\mu_1^2 - \mu_o^2)}{2\,\mu_o\,\pi^3\,\gamma\, g\, r_1} + \frac{r_1^2}{4}}$$

$$\frac{3}{2}\, r_1 < \sqrt{\frac{r_1^2}{4} + \frac{i^2(\mu_1^2 - \mu_o^2)}{2\,\mu_o\,\pi^3\,\gamma\, g\, r_1}}$$

$$\frac{9}{4}\, r_1^2 < \frac{r_1^2}{4} + \frac{i^2(\mu_1^2 - \mu_o^2)}{2\,\mu_o\,\pi^3\,\gamma\, g\, r_1}$$

$$\boxed{r_1 < \frac{1}{\pi}\sqrt[3]{\frac{i^2(\mu_1^2 - \mu_o^2)}{4\,\mu_o\,\gamma\, g}}} \;.$$

e. Der magnetische Kreis

A U F G A B E N

6.31 Ein Eisenring ($\mu_E = 100\,\mu_0$) hat den Querschnitt $A = 2\ \text{cm}^2$ und die mittlere Länge $l_E = 60$ cm. Er ist von einem Luftspalt mit der Breite $l_L = 1$ mm unterbrochen und mit $n = 400$ Windungen bewickelt. Durch die Wicklung fließt der Strom $i = 2\text{A}$. Permeabilitätskonstante des Vakuums: $\mu_0 = 4\pi \cdot 10^{-7}\,\frac{\text{Vs}}{\text{Am}}$.

6.31.1 Wie groß sind die magnetische Erregung und die magnetische Flußdichte im Eisen und im Luftspalt längs der Mittellinie des Ringes ?

6.31.2 Welcher Wert ergibt sich daraus für den magnetischen Fluß im Eisen und im Luftspalt ?

6.31.3 Man berechne den magnetischen Fluß direkt mit Hilfe des magnetischen Widerstandes.

6.32 Der in Bild 6.57 dargestellte magnetische Kreis hat überall den gleichen rechteckigen Querschnitt. Seine Abmessungen sind:

$a = 26$ cm, $b = 10$ cm

$c = 10$ cm, $d = 2$ cm .

Für das Trafoblech, aus dem der magnetische Kreis besteht, gilt folgende Magnetisierungs-Kennlinie:

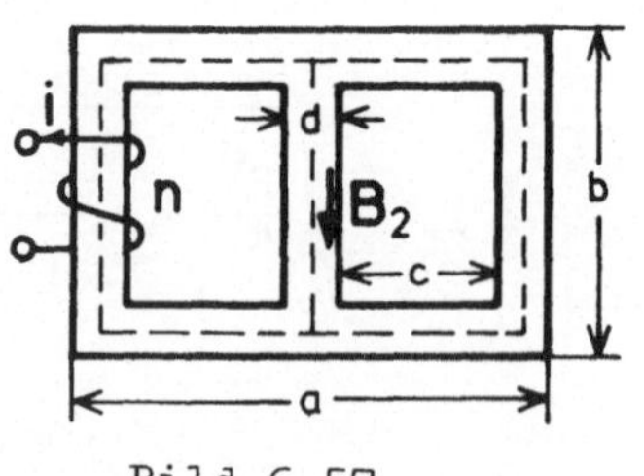

Bild 6.57
Magnetischer Kreis

$\frac{H}{A/cm}$	0	0,5	1	2	4	7	12	20
B/ T	0	0,2	0,4	0,7	1,1	1,3	1,4	1,5

(6.125)

Die Wicklung, durch die der Strom i fließt, hat n = 12 Windungen.

6.32.1 Wie groß muß der Strom i werden, damit im Mittelschenkel die magnetische Flußdichte $B_2 = 1{,}1$ T wird?

6.32.2 Welcher Wert i ergibt sich, wenn man annimmt, daß die Permeabilität des magnetischen Kreises konstant ist, und das Ohmsche Gesetz des magnetischen Kreises anwendet?
Hierbei soll als Permeabilität der Wert verwendet werden, der sich aus der Anfangssteigung der Magnetisierungskennlinie ergibt.

Man vergleiche die beiden für i gefundenen Werte miteinander und begründe, warum der eine größer als der andere ist.
Anmerkung: Bei der Berechnung betrachte man das Feld innerhalb der einzelnen Abschnitte als homogen. Als Länge eines Abschnittes soll die Länge der mittleren Feldlinie (in Bild 6.57 gestrichelt gezeichnet) eingesetzt werden.

6.33 Ein Lasthebemagnet (Bild 6.58) hat überall den gleichen Querschnitt A. Die Abmessungen a, b und d sind gegeben:

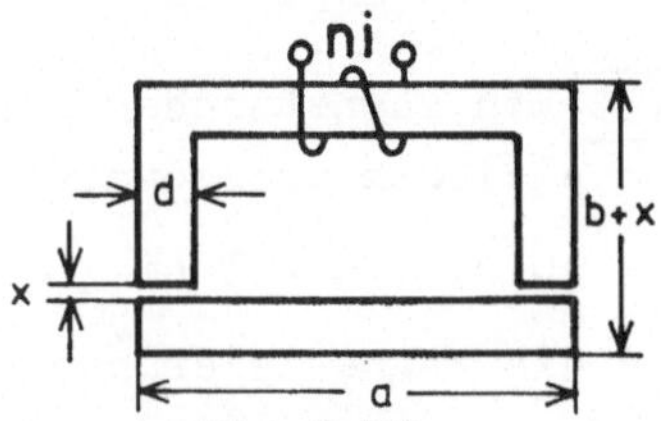

Bild 6.58
Lasthebemagnet

$a = 15$ cm ; $b = 10$ cm ; $d = 2$ cm . Auf den Elektromagnet wirkt die Durchflutung $ni = 500$ A . Die Kennlinie des Magneten und des Ankers ist gegeben:

$\frac{H}{A/cm}$	0	1	2	3	4	6	8	10	16
$\frac{B}{T}$	0	0,6	1	1,14	1,2	1,28	1,35	1,4	1,5

(6.126)

Man berechne eine Wertetabelle für die Abhängigkeit der Luftspaltflußdichte B von der Luftspaltlänge x .

6.34 In den Luftspalten eines Lasthebemagneten (Bild 6.59) soll die magnetische Flußdichte den Wert $B = 1$ T annehmen.

Gegeben sind die Abmessungen

$a = 15$ cm ; $b = 10$ cm ;

$c = \frac{4}{3}$ cm ; $d = 2$ cm ;

$x = 0{,}026$ cm .

und die Magnetisierungskennlinie (6.126).

Wie groß muß die Durchflutung ni sein ?

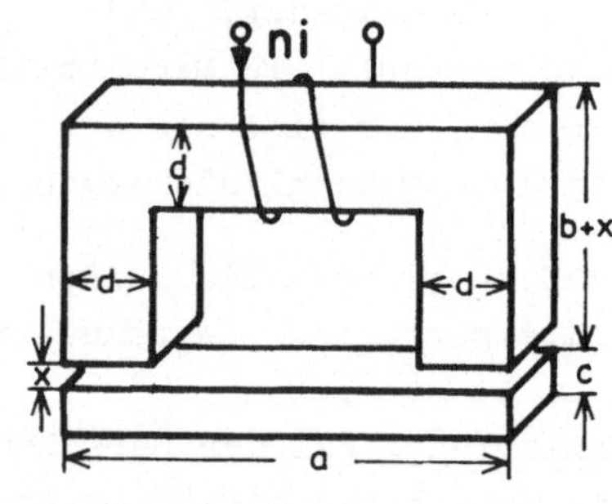

Bild 6.59
Lasthebemagnet

6.35 Ein magnetischer Kreis (Bild 6.60) hat überall den gleichen Querschnitt. Die Abmessungen

$a = 10$ cm ; $d = 2$ cm ; $l_1 = 0{,}1$ cm

und die Magnetisierungskennlinie (6.126) sind gegeben.

Bild 6.60
Magnetischer Kreis

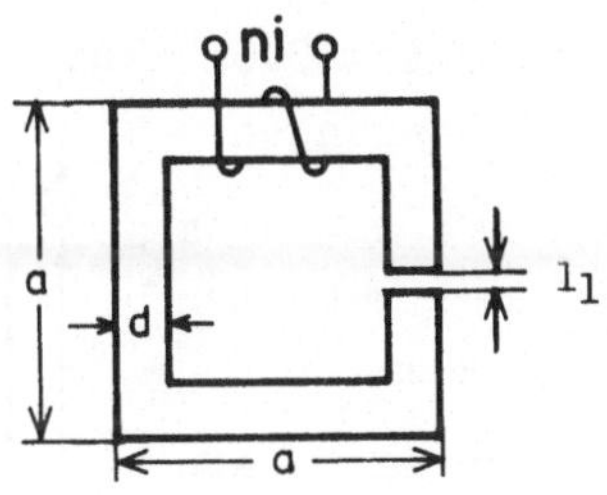

6.35.1 Welche Durchflutung ni ist nötig, damit sich im Luftspalt die magnetische Flußdichte B = 1,5 T ausbildet?

6.35.2 Die Durchflutung sei ni = 680 A . Man ermittle die Flußdichte B im Luftspalt.

6.36 Ein magnetischer Kreis (Bild 6.61) hat überall den gleichen Querschnitt A und die Abmessungen

a = 78 cm ; b = 6 cm ;

c = 36 cm ; d = 2 cm ;

l_1 = 0,067 mm .

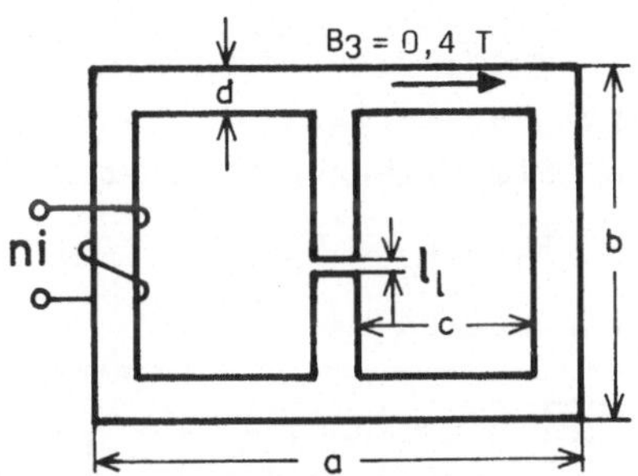

Bild 6.61
Magnetischer Kreis

Für das Blech, aus dem sich der Kreis zusammensetzt, gilt die Magnetisierungskennlinie (6.125).
Wie groß muß die Durchflutung ni werden, damit im rechten Schenkel die magnetische Flußdichte

B_3 = 0,4 T wird ?

6.37 Ein magnetischer Kreis (Bild 6.62) hat die Abmessungen

$a = 1\ \text{cm}\ ;\ \ b = 10\ \text{cm}\ ;$
$c = 4\ \text{cm}\ ;\ \ d = 20\ \text{cm}\ ;$
$s_2 = 0{,}2\ \text{mm}$

und ist aus Trafoblech aufgebaut, das die folgende Magnetisierungskennlinie hat:

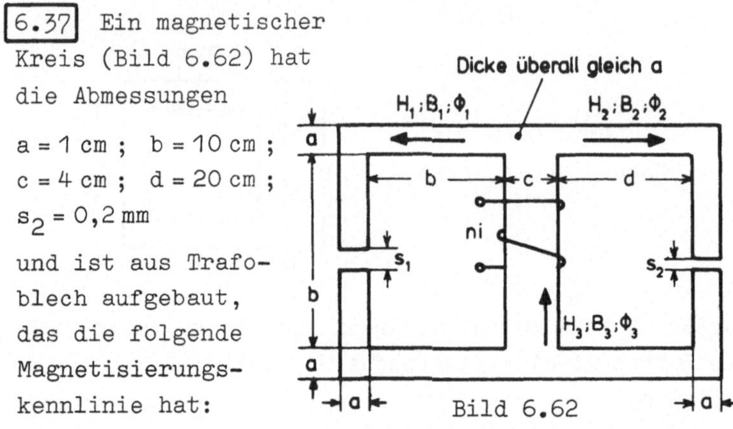

Bild 6.62
Magnetischer Kreis

$\frac{H}{\text{A/cm}}$	0,5	1,0	1,5	2,0	2,5	3,0
$\frac{B}{\text{T}}$	0,25	0,5	0,65	0,76	0,85	0,93

(6.127)

Wie groß müssen die Durchflutung ni und der Luftspalt s_1 werden, wenn die in beiden Luftspalten an den Stirnflächen auftretenden Kräfte

$$F_1 = F_2 = 9{,}95\ \text{N}$$

sein sollen?

6.38 Ein magnetischer Kreis (Bild 6.63) hat überall den gleichen rechteckigen Querschnitt und die Abmessungen

$a = 17\ \text{cm}\ ;\ \ b = 7\ \text{cm}\ ;$
$c = 5{,}5\ \text{cm}\ ;\ \ d = 2\ \text{cm}\ .$

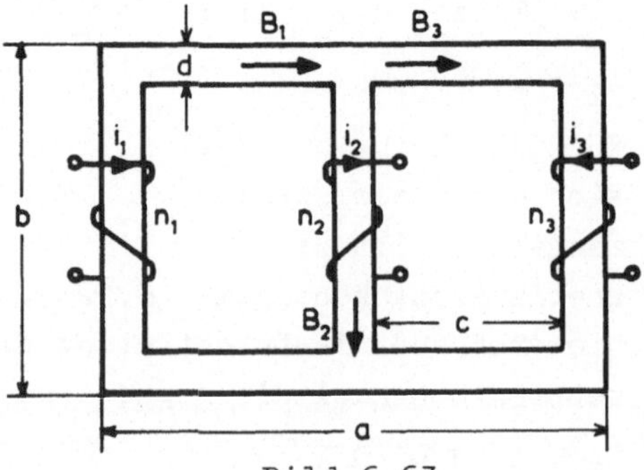

Bild 6.63
Magnetischer Kreis

Die drei Wicklungen haben die Windungszahlen

$n_1 = n_2 = n_3 = 20$.

Für das Blech, aus dem der magnetische Kreis aufgebaut ist, gilt die Magnetisierungskennlinie (6.125). In der rechten Wicklung fließt der Strom $i_3 = 2$ A, durch die mittlere Wicklung fließt kein Strom : $i_2 = 0$.
Wie groß muß i_1 werden, damit im rechten Schenkel die Flußdichte $B_3 = 0{,}4$ T wird ?

6.39 Durch die rechte Wicklung des in Aufgabe 6.38 dargestellten magnetischen Kreises fließt der Strom $i_3 = -2$ A , durch die mittlere Wicklung fließt kein Strom: $i_2 = 0$.
Wie groß muß i_1 werden, damit im Mittelschenkel $B_2 = 1{,}1$ T wird ?

6.40 Durch die mittlere Wicklung des in Aufgabe 6.38 dargestellten magnetischen Kreises fließt der Strom $i_2 = -2$ A, in der rechten Wicklung fließt der Strom $i_3 = 2$ A .
Wie groß muß i_1 werden, damit im rechten Schenkel die Flußdichte $B_3 = 0{,}4$ T wird ?

L Ö S U N G E N

6.31 Wegen der hohen Permeabilität des Eisens konzentriert sich das Feld so stark im Eisen (und im Luftspalt), daß das Streufeld in der Luft, die den Kern umgibt, vernachlässigt werden kann.

6.31.1 Wendet man das Durchflutungsgesetz entlang der in Bild 6.64 eingezeichneten mittleren Feldlinie der Länge $l_E + l_L$ an, so erhält man

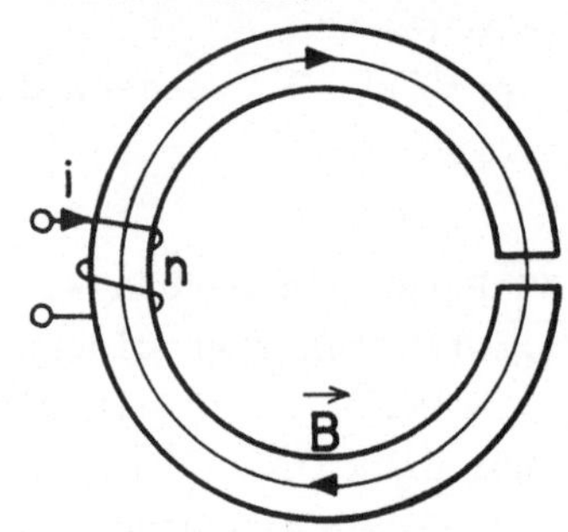

Bild 6.64
Ringkern mit Luftspalt

$$ni = H_E l_E + H_L l_L \, . \tag{6.127}$$

Für die magnetische Erregung im Eisen gilt

$$H_E = B_E / \mu_E \tag{6.128}$$

und in der Luft

$$H_L = B_L / \mu_o \, . \tag{6.129}$$

Wegen

$$\oint \vec{B} \cdot d\vec{A} = 0 \tag{6.130}$$

ist

$$\Phi_L = \Phi_E \tag{6.130a}$$

und damit

$$B_L = B_E \, . \tag{6.131}$$

Berücksichtigt man dies und setzt man die Gleichungen (6.128) und (6.129) in (6.127) ein, so ergibt sich

$$ni = B_E \, (l_E / \mu_E + l_L / \mu_o),$$

also

$$B_E = B_L = \frac{ni\,\mu_o}{l_E/100 + l_L} \approx 0{,}1435\ \mathrm{T}$$

und

$$H_E = \frac{ni}{l_E + 100\, l_L} \approx 11{,}43\ \frac{\mathrm{A}}{\mathrm{cm}}$$

$$H_L = \frac{ni}{l_L + l_E/100} \approx 1143\ \frac{\mathrm{A}}{\mathrm{cm}} \quad .$$

6.31.2 Mit Gleichung (6.130a) wird

$$\Phi_L = \Phi_E = B_E \cdot A \approx 0{,}287 \cdot 10^{-4}\ \mathrm{Vs} \quad .$$

6.31.3 Der magnetische Widerstand des magnetischen Kreises ist

$$R_m = \frac{l_E}{100\,\mu_o A} + \frac{l_L}{\mu_o A} = \frac{1}{\mu_o A}\left(\frac{l_E}{100} + l_L\right) ,$$

also

$$\Phi = \frac{in}{R_m} = \frac{in\,\mu_o A}{l_E/100 + l_L} \quad .$$

6.32 6.32.1 Die mittleren Feldlinienlängen (vgl. Bild 6.65) im Eisenkern sind:

$l_1 = 2(a-c-2d) + b - d =$

$= 32$ cm

$l_2 = b - d = 8$ cm

$l_3 = 2(c+d) + b - d =$

$= 32$ cm .

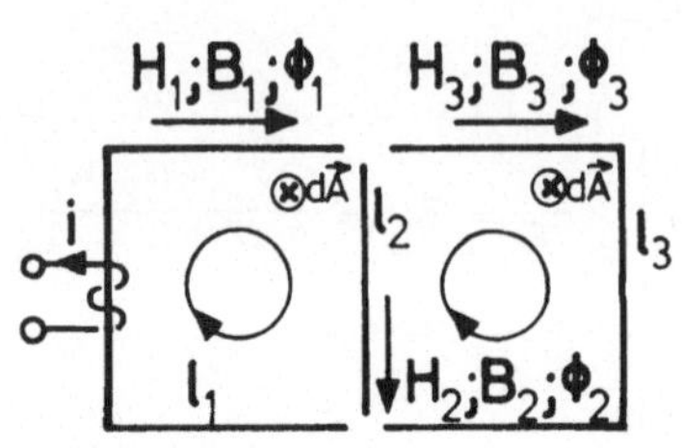

Bild 6.65

Zur Wahl der Zählpfeile für die magnetischen Feldgrößen

Aus $B_2 = 1{,}1$ T folgt aufgrund des Zusammenhangs (6.125):

$$H_2 = 4\text{A/cm} . \tag{6.132}$$

Die Anwendung des Durchflutungsgesetzes auf den rechten Umlauf (Bild 6.65) ergibt

$$H_3 l_3 - H_2 l_2 = 0 \tag{6.133}$$

$$H_3 = \frac{l_2}{l_3} H_2 = 1\text{A/cm} \quad .$$

Aus der Magnetisierungs-Kennlinie folgt damit

$$B_3 = 0{,}4 \text{ T} .$$

Aus $\Phi_1 = \Phi_2 + \Phi_3$ folgt hier - da der Querschnitt in allen Abschnitten des magnetischen Kreises gleich ist - für die magnetischen Flußdichten

$$B_1 = B_2 + B_3 = 1{,}5 \text{ T} .$$

Zu diesem Wert gehört - entsprechend der Kennlinie (6.125) - die magnetische Erregung

$$H_1 = 20 \text{ A/cm} . \tag{6.134}$$

Die Anwendung des Durchflutungsgesetzes auf den linken Umlauf (Bild 6.65) ergibt

$$H_1 l_1 + H_2 l_2 = - ni \quad . \tag{6.135}$$

Das Minuszeichen auf der rechten Seite dieser Gleichung ist eine Folge der Rechtsschraubenzuordnung zwischen dem Umlaufsinn bei der Integration der Erregung $\vec{H}$ und der Zählrichtung des Flächenvektors $d\vec{A}$ im Durchflutungsgesetz

$$\oint \vec{H} \cdot d\vec{s} = \int \vec{J} \cdot d\vec{A} \quad . \tag{6.136}$$

In die Gleichung (6.135) werden die Ergebnisse (6.132) und (6.134) eingesetzt:

$$i = - \frac{H_1 l_1 + H_2 l_2}{n} = - \frac{20 \cdot 32 + 4 \cdot 8}{12} \text{ A} = - \frac{21 \cdot 32}{12} \text{ A}$$

$$\boxed{i = - 56 \text{ A}} \quad .$$

6.32.2 Für den magnetischen Kreis (Bild 6.57) läßt sich ein Ersatzbild aufstellen (Bild 6.66), dessen Widerstände R_m - der Aufgabenstellung entsprechend - nicht von der jeweiligen Flußdichte abhängen sollen, die also als konstant angesehen werden können.

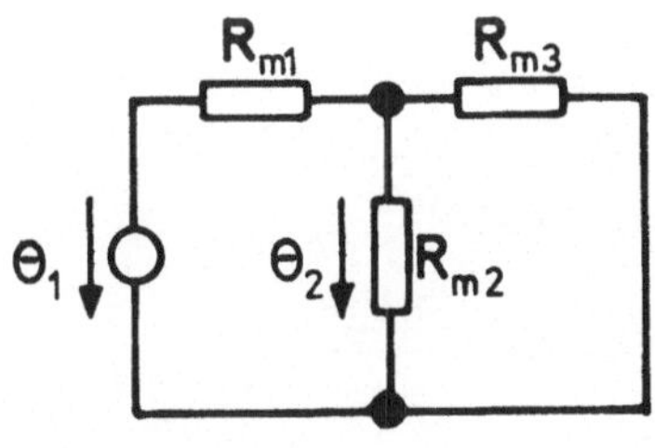

Bild 6.66
Ersatzbild eines magnetischen Kreises

In der Schaltung 6.66 sind Θ_2 und die magnetischen Widerstände R_m gegeben; Θ_1 soll daraus berechnet werden:

$$\Theta_2 = \Theta_1 \frac{\dfrac{R_{m2}\,R_{m3}}{R_{m2} + R_{m3}}}{R_{m1} + \dfrac{R_{m2}\,R_{m3}}{R_{m2} + R_{m3}}}$$

$$\Theta_1 = \Theta_2 \frac{R_{m1}R_{m2} + R_{m2}R_{m3} + R_{m3}R_{m1}}{R_{m2}R_{m3}}. \qquad (6.137)$$

Wegen $R_{m1} = R_{m3}$ wird

$$\Theta_1 = \Theta_2\,(2 + R_{m1}/R_{m2})$$

$$\Theta_1 = \Theta_2\,(2 + l_1/l_2) = \Theta_2(2 + 4) = 6\,\Theta_2\,.$$

Da

$$\Theta_2 = l_2H_2 = l_2B_2/\mu_a$$

und $\Theta_1 = -\,ni$

ist, wird

$$-\,ni = \frac{6l_2B_2}{\mu_a}. \qquad (6.138)$$

Hierbei ist μ_a die aus dem ersten Intervall der Magnetisierungs-Kennlinie (6.125) bestimmbare Anfangs-Permeabilität:

$$\mu_a = 0{,}4\,\frac{\mathrm{T}}{\mathrm{A/cm}}\,.$$

Setzt man dies in die Gleichung (6.138) ein, so erhält man

$$i = - \frac{48\ \text{cm} \cdot 1{,}1\ \text{T} \cdot \text{A}}{0{,}4\ \text{T} \cdot \text{cm} \cdot 12}$$

$$\boxed{i = -11\ \text{A}}\ .$$

6.32.3 Im linken Abschnitt ist die magnetische Flußdichte größer als in den beiden anderen, dort ist also in Wirklichkeit auch $\mu<\mu_a$, und R_{m1} ist demnach größer als R_{m3} . Dann ergibt sich aber aus Gleichung (6.137) ein größerer Wert für Θ_1 , als er mit der Annahme $R_{m1} = R_{m3}$ berechnet wurde, weil auf der rechten Seite dieser Gleichung R_{m1} nur positiv im Zähler auftritt. Würde man also $R_{m1} > R_{m3}$ berücksichtigen, so ergäbe sich auch ein größerer Betrag für den Strom i .

6.33 Wenn man das Durchflutungsgesetz für einen Umlauf entlang der (fiktiven) mittleren Feldlinie anwendet, ergibt sich

$$ni = l_E H_E + 2x H_L\ , \qquad (6.139)$$

wobei l_E = 42 cm ist. Da im Eisen und im Luftspalt überall der gleiche Querschnitt vorausgesetzt wird, ist die Feldstärke im magnetischen Kreis an allen Stellen gleich groß :

$$B_L = B_E\ .$$

Daher kann geschrieben werden

$$H_L = \frac{B_E}{\mu_0} \quad ,$$

Gl.(6.139) nimmt dann folgende Gestalt an:

$$ni = l_E\, H_E + 2\,\frac{x}{\mu_0}\, B_E$$

$$x = \frac{\mu_0}{2\, B_E}\,(ni - l_E\, H_E) \quad . \tag{6.140}$$

Da B_E gemäß der Kennlinie (6.126) von H_E abhängt, betonen wir diesen Zusammenhang dadurch, daß wir schreiben

$$x = \frac{\mu_0}{2\, B_E(H_E)}\,(ni - l_E\, H_E) \quad . \tag{6.141}$$

Aus dieser Gleichung erhält man Wertepaare der Funktion $B_E = f(x)$, wenn man Wertepaare H_E , $B_E(H_E)$ einsetzt, wie sie durch die Kennlinie (6.126) gegeben sind. Zur Vereinfachung der numerischen Rechnung bilden wir eine zugeschnittene Größengleichung:

$$\frac{x}{\mathrm{mm}} = \frac{2\pi\cdot 10^{-9}\,\mathrm{Vs}}{\mathrm{A}\cdot\mathrm{cm}\cdot 10^{-1}\,\mathrm{cm}}\cdot\frac{1}{B_E/(\mathrm{Vs/cm^2})}\cdot\frac{\mathrm{cm}^2}{\mathrm{Vs}}(500\mathrm{A}-42\mathrm{cm}\cdot H_E)$$

$$\frac{x}{\mathrm{mm}} = \frac{2\pi\cdot 10^{-8}}{B_E/\,(10^4\,\mathrm{T})}\left(500 - 42\,\frac{H_E}{\mathrm{A/cm}}\right)$$

$$\frac{x}{\mathrm{mm}} = \frac{3{,}14 - 0{,}264\,\dfrac{H_E}{\mathrm{A/cm}}}{10 B_E/\;\mathrm{T}} \quad . \tag{6.142}$$

Setzt man die Wertepaare B_E , H_E der Kennlinie (6.126) in Gl.(6.142) ein, so erhält man folgende Kennlinie $B_E = f(x)$:

$\frac{x}{mm}$	∞	1	0,48	0,26	0,21	0,17	0,12	0,08	0,04	0
$\frac{B_E}{T}$	0	0,3	0,6	1	1,14	1,2	1,28	1,35	1,4	1,43

(6.143)

Für das zweite und das letzte Wertepaar dieser Kennlinie wurden die zugrunde liegenden Wertepaare der Magnetisierungskennlinie interpoliert (für den Wert x = 0 erhält man aus Gl.(6.139):

$$ni = l_E\, H_E\,,$$

also

$$H_E = 11{,}9\ \text{A/cm}\ ;$$

durch Interpolation erhält man aus der Magnetisierungskennlinie den zugehörigen Wert $B_E = 1{,}43$ T)

Die Kennlinie (6.143) wird in Bild 6.67 dargestellt.

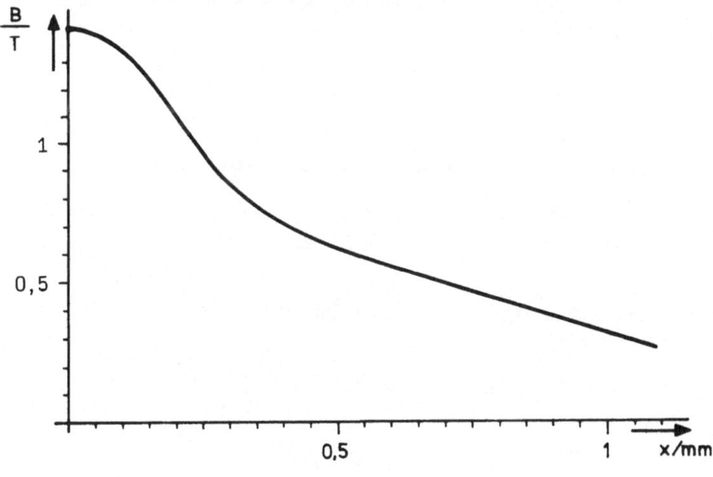

Bild 6.67

Abhängigkeit der magnetischen Flußdichte von der Luftspaltlänge

6.34 Im magnetischen Kreis entsteht der Fluß Φ ; wegen der unterschiedlichen Querschnitte A_m im Magnet und A_a im Anker ergeben sich in beiden Teilen auch unterschiedliche Flußdichten:

$$\Phi = B_a A_a = B_m A_m \quad .$$

Die Flußdichte B_a im Anker kann also leicht aus den gegebenen Größen A_a , A_m und B_m (Flußdichte im Magnet und in den Luftspalten) berechnet werden:

$$B_a = \frac{A_m}{A_a} B_m$$

$$B_a = \frac{2}{4/3} \text{ T} = 1{,}5 \text{ T} \quad .$$

Aus der Kennlinie (6.126) ergibt sich $H_m = 2$ A/cm und $H_a = 16$ A/cm . Der Durchflutungsanteil für den Magnet ist also

$$\Theta_m = l_m H_m = 29\frac{2}{3} \text{ cm} \cdot 2 \frac{\text{A}}{\text{cm}} = 59\frac{1}{3} \text{ A} ,$$

der Durchflutungsanteil für den Anker ist

$$\Theta_a = l_a H_a = 13 \text{ cm} \cdot 16 \text{ A/cm} = 208 \text{ A} .$$

Für die Luftspalte muß der Durchflutungsanteil

$$\Theta_l = 2\,x\,B_1/\mu_0 = 2 \cdot 0{,}026 \text{ cm} \frac{1\text{ T} \cdot \text{A} \cdot \text{cm}}{4\pi \cdot 10^{-9} \text{Vs}}$$

$$\Theta_l = 414 \text{ A}$$

aufgebracht werden .

Das Durchflutungsgesetz lautet in diesem Fall

$$ni = \Theta_m + \Theta_a + \Theta_l \quad ,$$

es wird also

$$\boxed{ni = 681,\overline{3}\ \mathrm{A}} \quad .$$

<u>6.35</u> 6.35.1 Wir bezeichnen den Anteil der Durchflutung für das Eisen mit Θ_e, den Anteil für den Luftspalt mit Θ_l; das Durchflutungsgesetz lautet dann

$$ni = \Theta_e + \Theta_l \quad . \qquad (6.144)$$

Aus der gegebenen Flußdichte $B = 1{,}5\ \mathrm{T}$ folgt aufgrund der Kennlinie (6.126)

$$H_e = 16\ \mathrm{A/cm} \quad .$$

Daher wird

$$\Theta_e = l_e H_e = 31{,}9\ \mathrm{cm} \cdot 16\ \mathrm{A/cm} \approx 510\ \mathrm{A} \ ;$$

außerdem ist

$$\Theta_l = \frac{B}{\mu_0} l_l = \frac{15}{4\pi} \cdot 10^3\ \mathrm{A} = 1193\ \mathrm{A} \ ,$$

so daß mit Gl. (6.144)

$$\boxed{ni \approx 1703\ \mathrm{A}} \quad .$$

wird.

6.35.2 Löst man

$$ni = H_e l_e + H_l l_l$$

nach H_l auf, so erhält man

$$H_l = \frac{ni - H_e l_e}{l_l}$$

und wegen $B = \mu_o H_l$

$$B = \frac{\mu_o}{l_l} ni - \mu_o \frac{l_e}{l_l} H_e \quad . \tag{6.145}$$

Dies ist eine Gleichung mit den beiden Feldgrößen im Eisen (B und H_e) als Unbekannten. Da B und H_e auch der Magnetisierungs-Kennlinie (6.126) genügen müssen, ergibt sich das gesuchte Wertepaar B , H_e aus dem Schnittpunkt der Funktionen (6.145) und (6.126). Hierbei beschreibt die Gl.(6.145) eine fallende Gerade mit dem B-Achsenabschnitt

$$ni\, \mu_o / l_l = 0{,}855 \text{ T}$$

und dem H_e - Achsenabschnitt

$$ni/l_e = 21{,}3 \text{ A/cm} \;,$$

wie es in Bild 6.68 dargestellt ist. Aus diesem Bild ergibt sich auch, daß der Schnittpunkt der Geraden mit der Magnetisierungskennlinie zu der Lösung

$$\boxed{B = 0{,}8 \text{ T}}$$

führt.

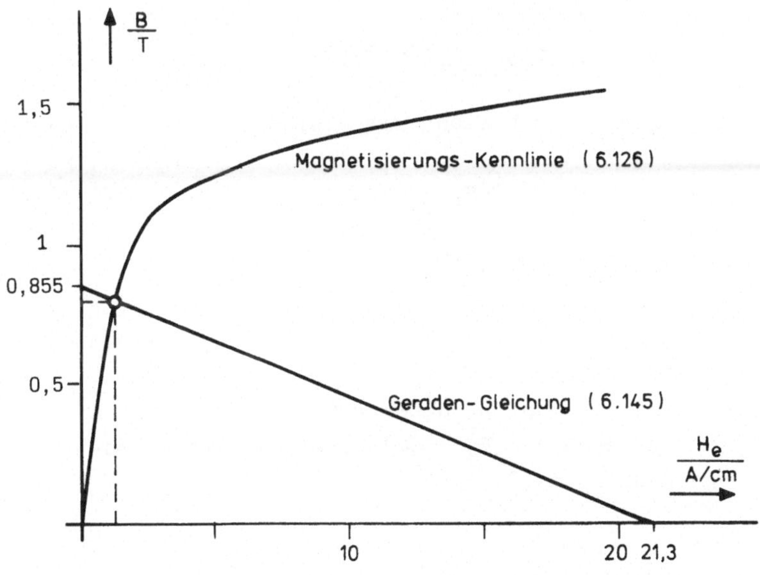

Bild 6.68
Bestimmung der magnetischen Feldgrößen aus dem Schnittpunkt der Magnetisierungs-Kennlinie mit einer Geraden

6.36 Die mittleren Feldlinienlängen (vgl. Bild 6.65) im Eisenkern sind

$$l_1 = 2(a - c - 2d) + b - d = 80 \text{ cm}$$

$$l_2 = b - d = 4 \text{ cm}$$

$$l_3 = 2(c + d) + b - d = 80 \text{ cm} .$$

Im Gegensatz zu Aufgabe 6.32 (Bild 6.65) ist in dieser Aufgabe der mittlere Schenkel durch einen Luftspalt unterbrochen, es treten im Mittelschenkel also die beiden unterschiedlichen Erregungen H_{2e} und H_{2l} auf. Die Anwendung des Durchflutungsgesetzes für die rechte Masche des magnetischen Kreises ergibt

$$H_3 l_3 - H_{2e} (l_2 - l_1) - H_{21} l_1 = 0 .$$

Wegen $l_2 \gg l_1$ schreiben wir einfach

$$H_{2e} l_2 + H_{21} l_1 = H_3 l_3$$

und wegen $H_{21} = B_2/\mu_o$

$$H_{2e} l_2 + \frac{B_2}{\mu_o} l_1 = H_3 l_3 . \qquad (6.146)$$

Hierin sind H_2 und B_2 unbekannt ;
H_3 ergibt sich aus $B_3 = 0{,}4\,T$ über die Magnetisierungs-Kennlinie (6.125):

$$H_3 = 1 \text{ A/cm} .$$

Um H_{2e} und B_2 zu bestimmen, muß also außer der Gl. (6.146) - ebenso wie in Aufgabe 6.35 - die Magnetisierungs-Kennlinie herangezogen werden. Da diese Kennlinie B_2 (tabellarisch) als Funktion von H_{2e} beschreibt, formen wir die Gl.(6.146) so um, daß auch in ihr B_2 als Funktion von H_{2e} dargestellt wird:

$$B_2 = \frac{\mu_o}{l_1} (H_3 l_3 - H_{2e} l_2) . \qquad (6.147)$$

Der Schnittpunkt dieser fallenden Geraden mit der Kennlinie (6.125) liefert die gesuchte Lösung für H_{2e} und B_2 , siehe Bild 6.69 . Die Achsenabschnitte der Geraden (6.147) sind

$$\frac{\mu_o}{l_1} H_3 l_3 = 1{,}5\ T$$

und

$$H_3 \frac{l_3}{l_2} = 20 \text{ A/cm} .$$

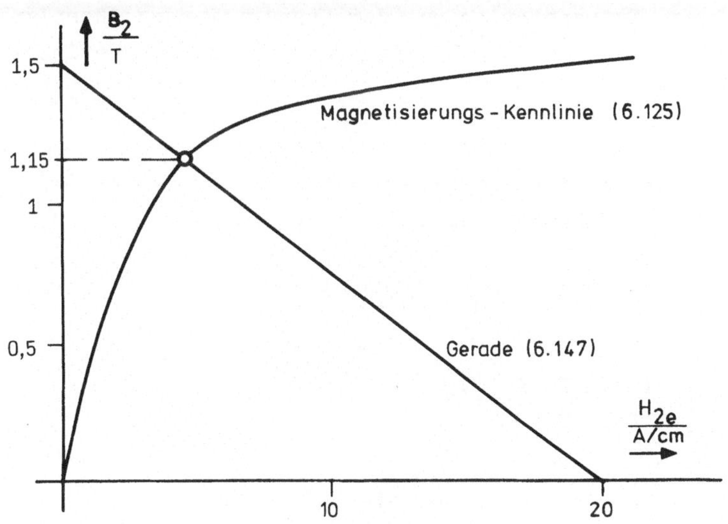

Bild 6.69

Bestimmung der magnetischen Feldgrößen aus dem Schnittpunkt der Magnetisierungs-Kennlinie mit einer Geraden

Aus Bild 6.69 ergibt sich

$$B_2 \approx 1{,}15 \text{ T} .$$

Nachdem B_2 und B_3 bekannt sind, kann B_1 aus

$$\Phi_1 = \Phi_2 + \Phi_3$$

(vgl. Bild 6.65) berechnet werden:

$$B_1 A = B_2 A + B_3 A$$

$$B_1 = B_2 + B_3 \approx 1{,}55 \text{ T} \quad .$$

Durch Extrapolation aus der Magnetisierungs-Kennlinie findet man den zugehörigen Wert für die magnetische Erregung:

$$H_1 \approx 25{,}5 \text{ A/cm} \quad .$$

Wendet man das Durchflutungsgesetz auf dem großen Umlauf (Schenkel 1 und 3) an, so folgt

$$ni = H_1 l_1 + H_3 l_3 = 2040 \text{ A} + 80 \text{ A}$$

$$\boxed{ni = 2120 \text{ A}} \quad .$$

6.37 Für den Druck auf die Luftspalt-Stirnfläche 1 gilt

$$\sigma \approx \frac{1}{2} B_1 \left(H_{L1} - H_1\right); \qquad (6.148)$$

dies gilt allerdings nur annähernd, weil die Formel (6.148) nur gilt, wenn die Erregung und die Flußdichte proportional zueinander sind (d.h. wenn μ in beiden Medien konstant wäre). Die genaue Formel für den Druck wäre

$$\sigma = \frac{B_1^2}{2\,\mu_0} - \int_0^{B_1} H_1 \, dB_1 \quad . \qquad (6.149)$$

Da die Erregung H im Eisen jedoch viel geringer als

im Luftspalt ist, kann das Integral in dieser Gleichung vernachlässigt werden, d.h. man kann anstelle der Gleichung (6.148) oder (6.149) schreiben:

$$\sigma \approx \frac{B_1^2}{2\,\mu_0} \quad . \tag{6.150}$$

Für die Kraft auf die Stirnfläche 1 gilt also näherungsweise

$$F_1 = \frac{B_1^2}{2\,\mu_0}\,a^2 \ ,$$

die Flußdichte muß demnach den Wert

$$B_1 = \frac{1}{a}\sqrt{2\,\mu_0 F_1} \tag{6.151}$$

$$B_1 = \frac{1}{\text{cm}}\sqrt{2\cdot\frac{4\pi\cdot 10^{-7}}{\text{Am}}\text{Vs}\cdot 9{,}95\,\frac{\text{VAs}}{\text{m}}} = 0{,}5\ \text{T}$$

erreichen. Im rechten Luftspalt muß die Flußdichte ebenso groß sein, da hier die Kraft und der Querschnitt a^2 den gleichen Wert wie im linken Luftspalt haben sollen:

$$B_2 = 0{,}5\ \text{T} \quad .$$

Die (mittlere) Länge des linken Schenkels ist

$$l_1 = 3b + 2a + c = 36\ \text{cm} \ ,$$

für den Mittelschenkel gilt

$$l_3 = a + b = 11\ \text{cm}$$

und für den rechten

$$l_2 = 2d + 2a + b + c = 56\ \text{cm} \ .$$

Wendet man das Durchflutungsgesetz auf den rechten Umlauf (Bild 6.62) an, so entsteht

$$ni = l_2 H_2 + s_2 \frac{B_2}{\mu_o} + l_3 H_3 = 56A + 79{,}6A + 5{,}5A$$

$$\boxed{ni = 141{,}1 \text{ A}} \quad .$$

Für den linken Umlauf gilt

$$ni = l_1 H_1 + s_1 \frac{B_1}{\mu_o} + l_3 H_3 \ ,$$

daraus folgt

$$s_1 = \frac{\mu_o}{B_1} (ni - l_1 H_1 - l_3 H_3)$$

$$\boxed{s_1 = 0{,}25 \text{ mm}} \quad .$$

6.38 Die mittlere Feldlinienlänge im linken Schenkel ist

$$l_1 = (a - c - 3d + d)\, 2 + b - d = 20 \text{ cm},$$

im Mittelschenkel ist sie

$$l_2 = b - d = 5 \text{ cm}$$

und im rechten

$$l_3 = (c + d)\cdot 2 + b - d = 20 \text{ cm} \ .$$

Aus $B_3 = 0{,}4$ T folgt aufgrund der Kennlinie (6.125):

$$H_3 = 1\text{A/cm} \ .$$

Das Durchflutungsgesetz wird auf die rechte Masche

angewendet:

$$n_2 i_2 + n_3 i_3 = H_3 l_3 - H_2 l_2 \,. \qquad (6.152)$$

Da $i_2 = 0$ ist, bleibt H_2 die einzige Unbekannte hierin, und es wird

$$H_2 l_2 = -\,20\ \mathrm{A}\,.$$

Daraus folgt wegen der Kennlinie (6.125)

$$B_2 = -\ 1{,}1\ \mathrm{T}\,.$$

Wegen der überall gleichen Querschnittsfläche folgt hier aus

$$\Phi_1 = \Phi_2 + \Phi_3$$

die Gleichung

$$B_1 = B_2 + B_3\,, \qquad (6.153)$$

also

$$B_1 = -\,1{,}1\,\mathrm{T} + 0{,}4\,\mathrm{T} = -\,0{,}7\ \mathrm{T}\,,$$

woraus sich wegen der Kennlinie (6.125)

$$H_1 = -\,2\mathrm{A/cm}$$

und

$$H_1 l_1 = -\,40\mathrm{A}$$

ergibt. Die Anwendung des Durchflutungsgesetzes für den linken Umlauf liefert dann

$$i_1 n_1 - i_2 n_2 = H_1 l_1 + H_2 l_2, \qquad (6.154)$$

und mit $i_2 = 0$ ist schließlich

$$i_1 n_1 = -\,60\mathrm{A}$$

$$\boxed{i_1 = -3A} \quad .$$

6.39 Für die mittleren Feldlinienlängen gelten die gleichen Werte wie in Aufgabe 6.38 .
Aus $B_2 = 1{,}1\ T$ folgt $H_2 = 4A/cm$.
Die Gleichung

$$n_2 i_2 + n_3 i_3 = H_3 l_3 - H_2 l_2 \tag{6.152}$$

ergibt hier ($i_2 = 0$):

$$H_3 = \frac{n_3 i_3 + H_2 l_2}{l_3} = \frac{-40A + 20A}{20\ cm}$$

$$H_3 = -1\ A/cm$$

und damit

$$B_3 = -0{,}4\ T \ .$$

Wegen

$$B_1 = B_2 + B_3 \tag{6.153}$$

wird

$$B_1 = 1{,}1\ T - 0{,}4\ T = 0{,}7\ T$$

und damit

$$H_1 = 2\ A/cm \ ,$$

die Gleichung (6.154) ergibt dann

$$\boxed{i_1 = 3\ \mathrm{A}}\ .$$

6.40 Für die mittleren Feldlinienlängen gelten die gleichen Werte wie in Aufgabe 6.38 .
$B_3 = 0{,}4$ T führt zu $H_3 = 1$ A/cm.
Aus Gleichung (6.152) folgt

$$H_2 = \frac{H_3 l_3 - n_3 i_3 - n_2 i_2}{l_2} = 4\ \mathrm{A/cm}$$

und damit

$$B_2 = 1{,}1\ \mathrm{T}$$

Wegen Gleichung (6.153) wird dann

$$B_1 = 1{,}5\ \mathrm{T}$$

und damit

$$H_1 = 20\ \mathrm{A/cm}\ .$$

Aus Gleichung (6.154) ergibt sich der gesuchte Strom i_1 :

$$i_1 = \frac{H_1 l_1 + H_2 l_2 + n_2 i_2}{n_1}$$

$$\boxed{i_1 = 19\ \mathrm{A}}\ .$$

f. Induktivität, Gegeninduktivität

AUFGABEN

6.41 Durch eine ideale Spule (Bild 6.70) fließe der zeitlich konstante Strom $i = 6{,}36$ A . In der Spule bewegt sich ein Eisenkern hin und her, so daß die Induktivität zeitabhängig wird:

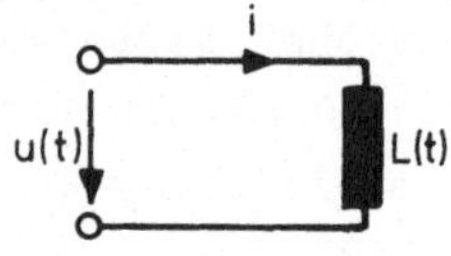

Bild 6.70 Zeitabhängige Induktivität

$$L(t) = L_0 + \hat{L}\,\sin\omega t = 1\text{mH} + 0{,}5\text{mH}\cdot\sin\frac{314}{\text{s}}\,t \ .$$

Man berechne $u(t)$.

6.42 Ein ringförmiger Eisenkern von trapezförmigem Querschnitt trägt eine Spule mit n Windungen (Bild 6.71). Es gelte $\mu = 100\,\mu_0$, so daß das Streufeld außerhalb des Kernes vernachlässigt werden kann.

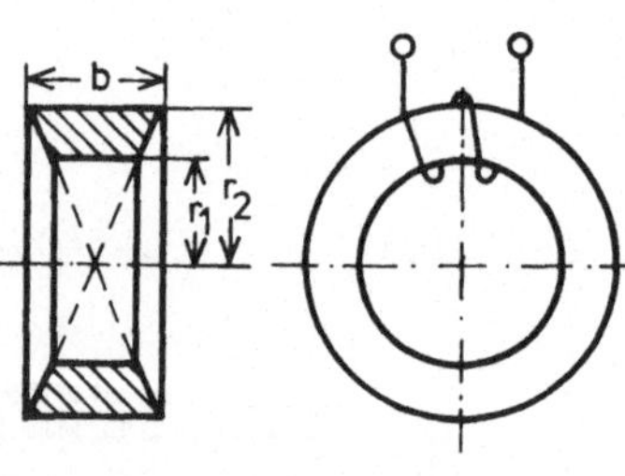

Bild 6.71 Spule mit ringförmigem Eisenkern

6.42.1 Die Wicklung wird vom Strom i durchflossen. Wie groß ist der Fluß im Kern ?

6.42.2 Wie groß ist die Induktivität dieser Anordnung ?

6.43 Ein ringförmiger Eisenkern mit dem skizzierten Querschnitt trägt eine Spule mit n Windungen (Bild 6.72).

Es gelte $\mu = 100\,\mu_0$, so daß das Streufeld außerhalb des Kernes vernachlässigt werden kann.

Wie groß ist die Induktivität dieser Anordnung?

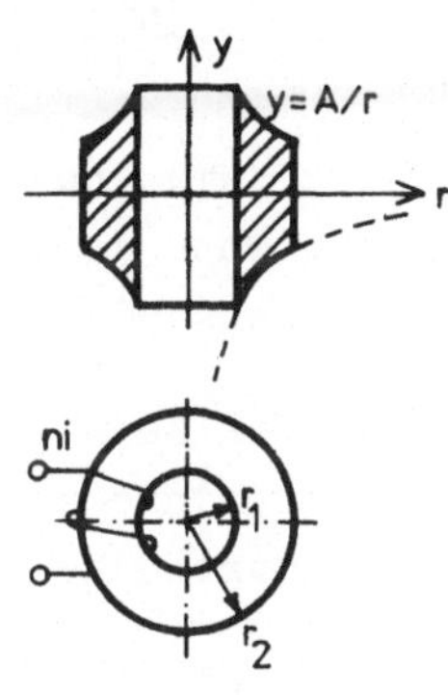

Bild 6.72

Spule mit ringförmigen Eisenkern

6.44 Ein Ring von rechteckigem Querschnitt ist gleichmäßig mit einem Draht bewickelt (Bild 6.73). Durch die n Windungen dieser Spule fließt der Strom i . Das Streufeld außerhalb des Ringkernes ist so viel kleiner als das Feld im Kern, daß es vernachlässigt werden kann.

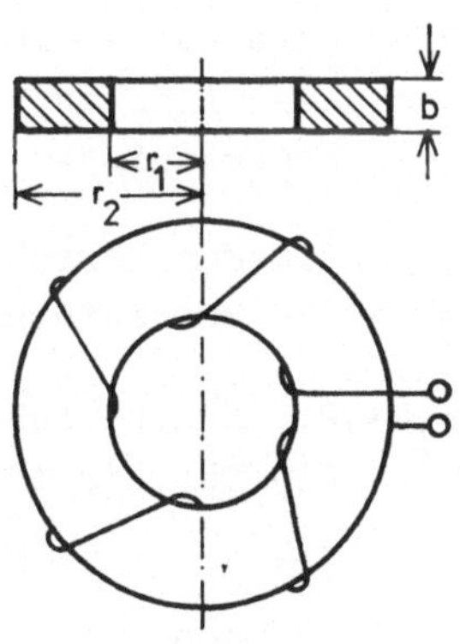

Bild 6.73

Spule mit ringförmigem Eisenkern

6.44.1 Der Kern besteht aus Holz: $\mu = \mu_0$.

6.44.1.1 Wie groß ist die Induktivität L^* der Ringspule, wenn man vereinfachend annimmt, daß das magnetische Feld im Ringkern homogen ist, und mit der mittleren Flußdichte

$$B_m = \mu_0 \frac{ni}{\pi(r_2 + r_1)}$$

rechnet ?

6.44.1.2 Man berechne die Induktivität L der Ringspule ohne diese Voraussetzung:

$$B = \mu_o \frac{ni}{2\pi r} \quad .$$

6.44.1.3 Wie groß darf der Quotient r_2/r_1 höchstens werden, wenn der Fehler der Näherungslösung 10 % nicht übersteigen soll ?

6.44.2 Der Kern besteht aus Eisen. Die Magnetisierungskennlinie des Eisens werde für positive Feldgrößen durch die Hyperbel

$$B = \frac{H}{\alpha + \beta H} \tag{6.155}$$

beschrieben.

6.44.2.1 Man berechne die Induktivität $L^* = f(i)$ der Ringspule ebenso wie in 6.44.1.1 unter der vereinfachenden Annahme, daß das magnetische Feld im Ringkern homogen ist.

6.44.2.2 Man berechne die Induktivität $L = f(i)$ ohne die vereinfachende Annahme der Homogenität.

6.44.2.3 Man berechne und skizziere $L = f(i)$ und $L^* = f(i)$ für die folgenden Zahlenwerte:

$r_1 = 1$ cm; $r_2 = 2$ cm ; $b = 1$ cm ;

$n = 100$;

$\alpha = 1{,}93 \dfrac{A/cm}{T}$; $\beta = \dfrac{0{,}57}{T}$.

6.45 In Bild 6.74 wird der Querschnitt zweier paralleler, sehr langer Doppelleitungen dargestellt. Die Leitungen haben die Länge l . Die Achsen aller vier Leiter liegen auf einem Zylinder mit dem Radius R. Der Abstand der beiden Leiter einer Doppelleitung ist jeweils 2R . Die Ebenen der beiden Doppelleitungen bilden miteinander den Winkel α .
Wie groß ist die Gegeninduktivität der skizzierten Anordnung, wenn man voraussetzt, daß die Leiter sehr dünn sind ?

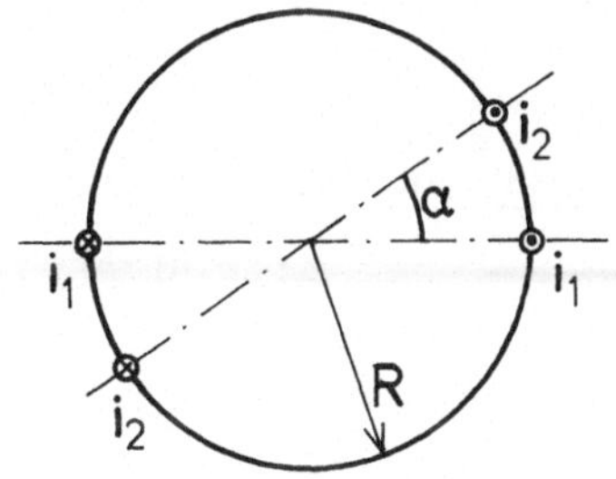

Bild 6.74
Querschnitt zweier Doppelleitungen

6.46 Das Bild 6.75 stellt die beiden Leiter einer Doppelleitung und eine Rechteckschleife dar, die in einer gemeinsamen Ebene liegen. Die Drahtdurchmesser sind sehr viel kleiner als a und b .
Wie groß ist die Gegeninduktivität zwischen Doppelleitung und Rechteckschleife ?

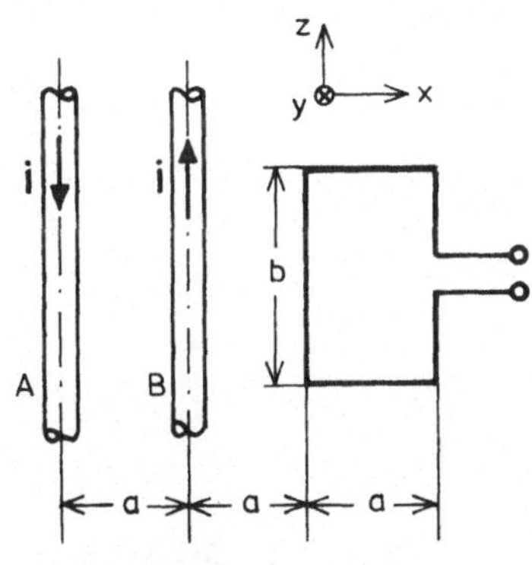

Bild 6.75
Doppelleitung und Rechteckschleife

L Ö S U N G E N

6.41 Für die Spannung an einer Induktivität gilt

$$u = +n\frac{d\Phi}{dt} = \frac{d}{dt}(n\Phi) = \frac{d\Psi}{dt} \quad , \tag{6.156}$$

wobei Φ den mit der Spule verketteten Fluß bezeichnet. Das Pluszeichen in dieser Darstellung des Induktionsgesetzes gilt unter der Voraussetzung, daß die Zählpfeile von u und i einander so zugeordnet sind, wie es in Bild 6.70 dargestellt wird. Mit der Definition für die Induktivität L ,

$$\Psi = n\Phi = Li \quad ,$$

ergibt sich aus Gl. (6.156)

$$u = \frac{d}{dt}(Li) = L\frac{di}{dt} + i\frac{dL}{dt} \quad . \tag{6.157}$$

Wegen i = konst. wird hieraus

$$u = i\frac{dL}{dt} = i\frac{d}{dt}(L_o + \hat{L}\sin\omega t)$$

$$\boxed{u = i\hat{L}\omega\cos\omega t = 1\,\mathrm{V}\cos\frac{314}{s}t} \quad .$$

6.42 6.42.1 Wegen der hohen Permeabilität des Eisenkernes konzentriert sich dort das Magnetfeld so, daß man davon ausgehen kann, daß im Kern ein zylindersymmetrisches Magnet-

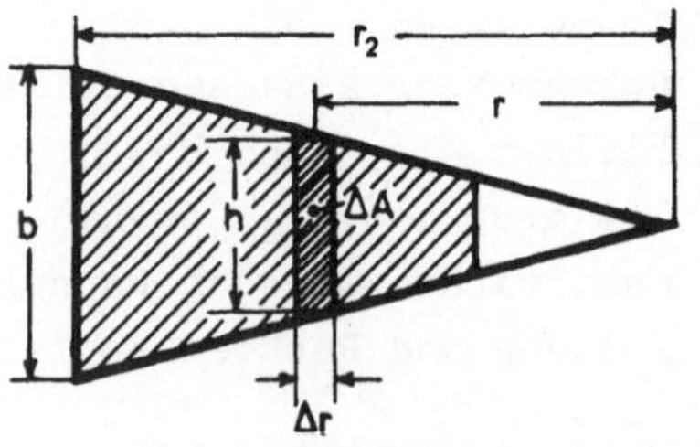

Bild 6.76
Zur Berechnung des Flusses

feld ensteht. Für die Erregung gilt wegen der Zylinder-Symmetrie:

$$H = \frac{ni}{2\pi} \frac{1}{r}, \qquad (6.158)$$

für die Flußdichte also

$$B = \frac{\mu ni}{2\pi} \frac{1}{r} . \qquad (6.159)$$

Der Fluß durch ein Flächenelement $\Delta A = h\,\Delta r$ (vgl. Bild 6.76) ist

$$\Delta\Phi \approx B\,h\,\Delta r = \frac{\mu nih}{2\pi} \frac{\Delta r}{r} . \qquad (6.160)$$

Hierbei ist

$$h = \frac{r}{r_2} b ,$$

so daß die Integration der Gl.(6.160) folgendes ergibt:

$$\Phi = \int_{r_1}^{r_2} \frac{\mu nib}{2\pi r_2} dr$$

$$\boxed{\Phi = \frac{\mu nib}{2\pi} (1 - r_1/r_2)} . \qquad (6.161)$$

6.42.2 Der Fluß durch eine Spulenwindung ist Φ . Für die Induktivität der Anordnung gilt dann die Definition

$$Li = n\Phi \qquad (6.162)$$

und mit Gl.(6.161) schließlich

$$\boxed{L = \frac{\mu n^2 b}{2\pi}\,(1 - r_1/r_2)} \quad .$$

6.43 Für die Flußdichte im Ringkern gilt - ebenso wie in Aufgabe 6.42 - die Gleichung (6.159). Für ein Flächenelement ΔA im Abstand r von der y-Achse gilt

$$\Delta A \approx 2A\,\frac{\Delta r}{r}$$

und somit

$$\Phi = \int_{r_1}^{r_2} \frac{\mu n i}{2\pi r}\,\frac{2A}{r}\,dr = \frac{\mu n i A}{\pi}\,(1/r_1 - 1/r_2) \quad .$$

Mit Gl.(6.162) gilt demnach

$$\boxed{L = \frac{n^2 A\,\mu\,(1/r_1 - 1/r_2)}{\pi}} \quad .$$

6.44 6.44.1

6.44.1.1 Wegen der Zylindersymmetrie der Anordnung folgt auch hier aus der Anwendung des Durchflutungsgesetzes die Gl.(6.159), wegen $\mu = \mu_0$ also

$$B = \mu_0\,\frac{ni}{2\pi r} \quad .$$

Für den mittleren Radius

$$r_m = (r_1 + r_2)/2 \qquad (6.163)$$

ergibt sich die Flußdichte

$$B_m = \mu_o \frac{ni}{\pi(r_1 + r_2)} \;. \qquad (6.164)$$

Wenn man vereinfachend annimmt, daß mit dieser Flußdichte im ganzen Ring gerechnet werden kann, dann ergibt sich der Fluß

$$\Phi^* = AB_m = \mu_o \frac{ni}{\pi(r_1 + r_2)} (r_2 - r_1)b \;,$$

wobei A die Querschnittsfläche des Kernes bezeichnet. Aus Φ^* folgt wegen

$$L^* = n\Phi^*/i \;,$$

daß

$$\boxed{L^* = \mu_o \frac{n^2 b(r_2 - r_1)}{\pi(r_2 + r_1)}} \qquad (6.165)$$

wird.

6.44.1.2 Rechnet man nicht vereinfachend mit der Homogenität des Feldes, so gilt

$$\Phi = \int_{r_1}^{r_2} \mu_o \frac{nib}{2\pi} \frac{dr}{r} = \frac{\mu_o nib}{2\pi} \ln \frac{r_2}{r_1}$$

und

$$\boxed{L = \frac{\mu_o n^2 b}{2\pi} \ln \frac{r_2}{r_1}} \;. \qquad (6.166)$$

6.44.1.3 Bild 6.77 veranschaulicht, daß die Näherung Φ^* einen zu kleinen Wert ergibt:

$$\Phi > \Phi^* ,$$

also auch

$$L > L^* \quad .$$

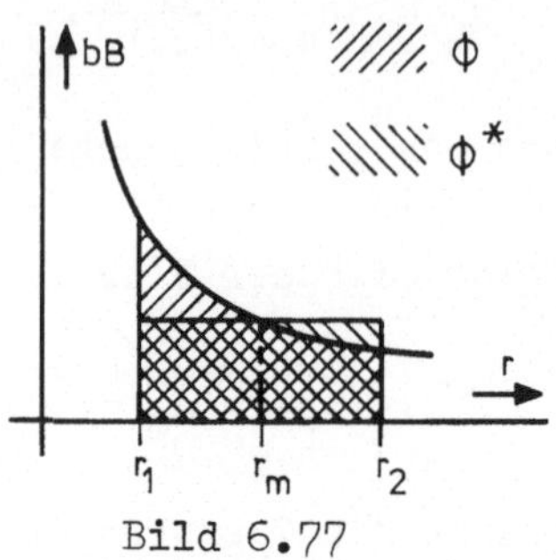

Bild 6.77
Zum Vergleich der Flüsse Φ^* und Φ

Die Gleichung (6.165) ergibt also einen kleineren Wert als die Gleichung (6.166). Der Fehler der Näherungslösung erreicht mithin 10 % , wenn

$$L^* = \frac{9}{10} L \qquad (6.167)$$

wird. Setzt man in diese Bedingung die Ergebnisse (6.165) und (6.166) ein, so entsteht

$$\mu_o \frac{n^2 b(r_2/r_1 - 1)}{\pi (r_2/r_1 + 1)} = \frac{9}{10} \frac{\mu_o n^2 b}{2\pi} \ln \frac{r_2}{r_1}$$

$$\frac{r_2/r_1 - 1}{r_2/r_1 + 1} = \frac{9}{20} \ln \frac{r_2}{r_1} \quad . \qquad (6.168)$$

Dies ist eine (transzendente) Bestimmungsgleichung für r_2/r_1 mit der Lösung

$$\boxed{r_2/r_1 \approx 3{,}2} \quad ,$$

vgl. Bild 6.78 .

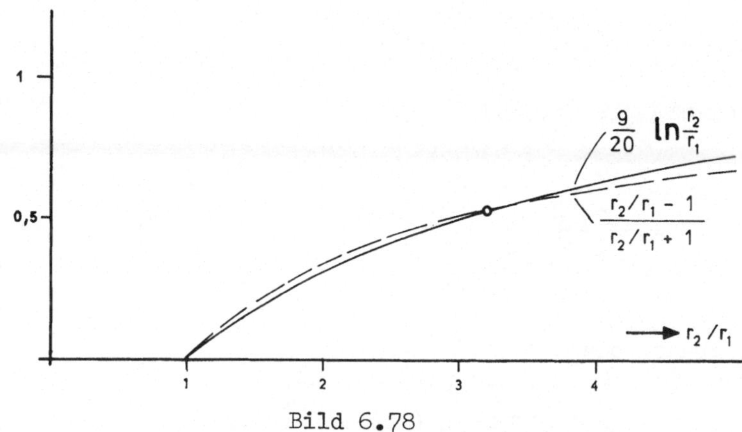

Bild 6.78
Zur Auflösung der Gleichung (6.168)

6.44.2

6.44.2.1 Aus dem Durchflutungsgesetz folgt

$$H_m = \frac{ni}{\pi(r_2 + r_1)}$$

und wegen der Darstellung (6.155) wird

$$B_m = \frac{ni}{\alpha\pi(r_2 + r_1) + \beta ni},$$

also

$$\Phi^* = AB_m = (r_2 - r_1)b \cdot B_m$$

und wegen $L^* = n\Phi^*/i$

$$\boxed{L^* = \frac{n^2(r_2 - r_1)b}{\alpha\pi(r_2 + r_1) + \beta ni}}.$$

6.44.2.2 Es ist

$$H = \frac{ni}{2\pi r}$$

und mit Gl. (6.155)

$$B = \frac{\frac{ni}{2\pi r}}{\alpha + \frac{ni}{2\pi r}\beta}$$

Hieraus folgt

$$\boxed{L = \frac{bn^2}{2\pi\alpha} \ln \frac{2\pi\alpha \cdot r_2/(\beta n) + i}{2\pi\alpha \; r_1/(\beta n) + i}} \; .$$

6.44.2.3

$$L = 82{,}5 \text{ mH} \cdot \ln \frac{0{,}425 + i/A}{0{,}212 + i/A}$$

$$L(0) = 82{,}5 \text{ mH} \cdot \ln(2)$$

$$\boxed{L(0) = 57{,}2 \text{ mH}}$$

$$L^* = \frac{100 \text{ mH}}{1{,}82 + 5{,}7i/A}$$

$$L^*(0) = 100 \text{ mH} / 1{,}82$$

$$\boxed{L^*(0) = 55 \text{ mH}} \; .$$

Mit diesen Anfangswerten $L(0)$ und $L^*(0)$ ergeben sich die beiden in Bild 6.79 dargestellten Funktionen $L(i)$ und $L^*(i)$.

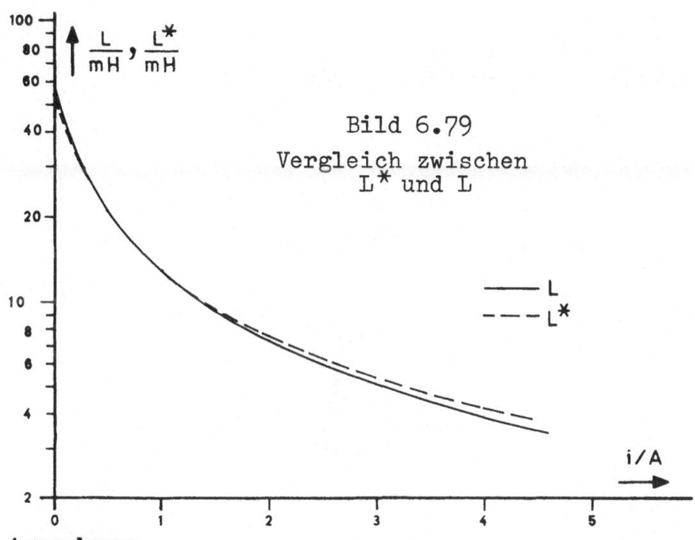

Anmerkung

Aus der Beschreibung (6.155) für die Magnetisierungs-Kennlinie des Eisenkernes und den angegebenen Zahlenwerten α und β ergibt sich die folgende Magnetisierungs-Kennlinie:

$\frac{H}{A/cm}$	0	1	2	4	7	12	20
$\frac{B}{T}$	0	0,4	0,651	0,95	1,18	1,37	1,5

Wenn man eine vorgegebene Magnetisierungs-Kennlinie durch die Darstellung (6.155) in zwei Punkten genau wiedergeben will, so folgen aus diesen Punkten $(H_1\ ,\ B_1)$ und $(H_2\ ,\ B_2)$ für α und β die Bestimmungsgleichungen:

$$\alpha = \frac{H_1}{B_1}\left(1 - \frac{B_1}{B_2}\,\frac{H_2 - \frac{B_2}{B_1} H_1}{H_2 - H_1}\right)$$

$$\beta = \frac{1}{B_2} \frac{H_2 - \frac{B_2}{B_1} H_1}{H_2 - H_1} .$$

6.45 Der Strom i_1 im Leiter a verursacht in der Doppelleitung c,d (vgl. Bild 6.80) den Fluß

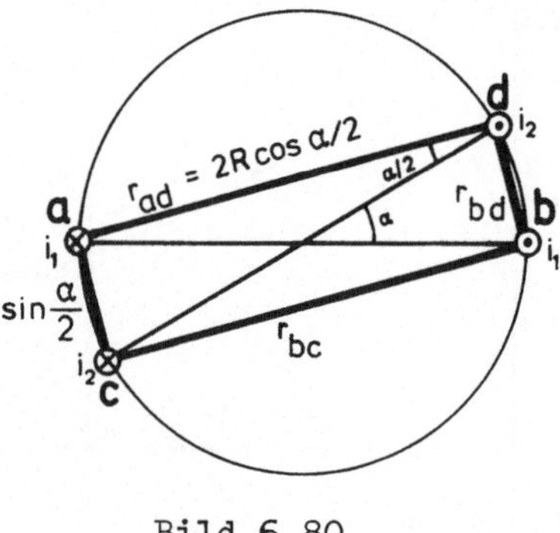

Bild 6.80
Die Abstände zwischen den einzelnen Leitern zweier Doppelleitungen

$$\Phi_{2a} = \int_{r_{ac}}^{r_{ad}} \frac{\mu i_1}{2\pi r} l \, dr = \frac{\mu i_1 l}{2\pi} \ln \frac{r_{ad}}{r_{ac}} ,$$

der (Rück-) Strom i_1 im Leiter b verursacht in der Doppelleitung c, d den Fluß

$$\Phi_{2b} = - \int_{r_{bc}}^{r_{bd}} \frac{\mu i_1}{2\pi r} l \, dr = \frac{\mu i_1 l}{2\pi} \ln \frac{r_{bc}}{r_{bd}} .$$

Insgesamt erzeugt also der Strom i_1 der Doppelleitung a,b den Fluß

$$\Phi_{21} = \Phi_{2a} + \Phi_{2b} = \frac{\mu i_1 l}{2\pi} \ln \frac{r_{ad}\, r_{bc}}{r_{ac}\, r_{bd}} .$$

Die beiden Doppelleitungen sind miteinander demnach durch die Gegeninduktivität

$$L_{21} = \frac{\mu l}{2\pi} \ln \frac{r_{ad}\, r_{bc}}{r_{ac}\, r_{bd}} = \frac{\mu l}{\pi} \ln \frac{r_{ad}}{r_{ac}}$$

verknüpft. Die Abstände r_{ad} und r_{ac} lassen sich hierbei durch die gegebenen Größen R und α ersetzen (vgl. Bild 6.80):

$$\boxed{L_{21} = \frac{\mu l}{\pi} \ln \left(\cot \frac{\alpha}{2} \right)} .$$

Bei dieser Lösung werden die Leiterradien vernachlässigt. Sie gilt daher nicht für $\alpha \to 0$.

6.46 Der Strom i im Leiter A verursacht in der Rechteckschleife den Fluß

$$\Phi_{2A} = - \int_{2a}^{3a} B\, dA = \frac{-i\,\mu_0}{2\,\pi}\, b \int_{2a}^{3a} \frac{dr}{r} = - \frac{i\,\mu_0}{2\,\pi}\, b \ln \frac{3}{2} ,$$

wobei der Flächenvektor $d\vec{A}$ in y-Richtung (vgl. Bild 6.75) positiv gezählt wurde. Der Strom im Leiter B verursacht in der Rechteckschleife den Fluß

$$\Phi_{2B} = + \int_{a}^{2a} B\, dA = \frac{i\,\mu_0}{2\,\pi}\, b \ln 2 ,$$

so daß insgesamt durch die Rechteckschleife der Fluß

$$\Phi = \Phi_{2A} + \Phi_{2B} = \frac{i\,\mu_0}{2\,\pi}\, b \ln \frac{4}{3}$$

hindurchtritt. Doppelleitung und Rechteckschleife sind demnach durch die Gegeninduktivität

$$\boxed{L_{12} = \frac{\mu_0 b}{2\,\pi} \ln \frac{4}{3}}$$

miteinander verknüpft.

7. ANWENDUNGEN DES INDUKTIONSGESETZES

a. Der verlustfreie Übertrager

Aufgaben

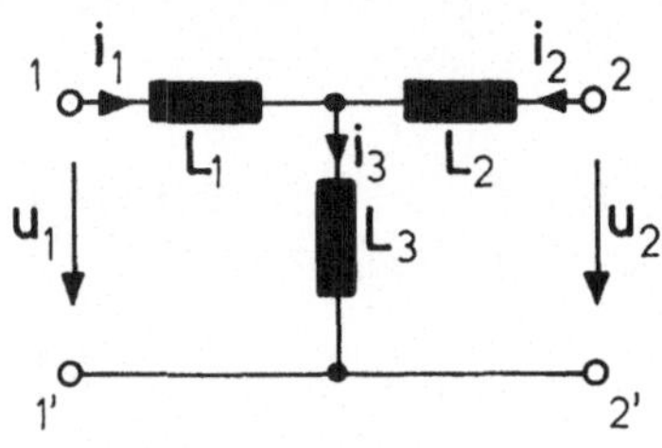

Bild 7.1
T-Schaltung dreier ungekoppelter Spulen

7.1 Gegeben ist eine Schaltung aus drei Spulen (Bild 7.1).

7.1.1 Mit Hilfe der Kirchhoffschen Sätze gebe man die Spannungen u_1 , u_2 als Funktionen der zeitlichen Ableitungen der Ströme i_1 , i_2 an.

7.1.2 Man vergleiche das Ergebnis 7.1.1 mit dem Gleichungs-System, das die Spannungen und Ströme eines verlustlosen Transformators (Abschnitt 7.1 des HTB 183) miteinander verknüpft, und gebe eine gegeninduktionsfreie Schaltung an, die diesen Transformator beschreibt.
Welche zusätzliche Schaltungsmaßnahme muß getroffen werden, damit der Transformator in allen seinen Eigenschaften mit der so gefundenen Schaltung übereinstimmt ?
(Anmerkung: Welcher Widerstand liegt zwischen den Klemmen 1' und 2' des Transformators ?).

7.2 Die beiden Wicklungen eines Transformators haben die Induktivitäten L_{11} und L_{22} ; ihr Kopplungsfaktor ist k. Die Primärklemmen des Transformators sollen durch die Klemmen 1, 1' der Schaltung in Bild 7.1 ersetzt werden, die Sekundärklemmen des Transformators durch die Klemmen 2, 2' . Vgl. Aufgabe 7.1 .

7.2.1 Man berechne L_1 , L_2 , L_3 aus den gegebenen Größen L_{11} , L_{22} und k .

7.2.2 Es ist $L_{11} = 9\,L_{22}$. Wie groß darf k höchstens werden, damit die Ersatzschaltung mit L_1 , L_2 und L_3 realisierbar bleibt ?

7.3 Eine Schaltung aus zwei ungekoppelten Spulen (Bild 7.2) soll durch einen verlustlosen Transformator ersetzt werden. Man berechne den Kopplungsfaktor k und die Induktivitäten L_{11} und L_{22} des Transformators allgemein und für die Zahlenwerte

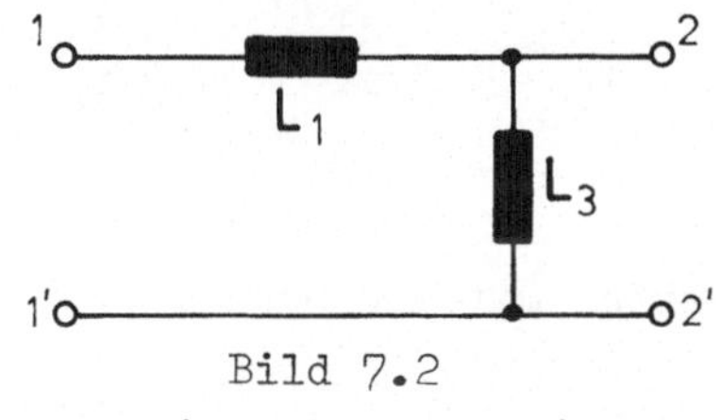

Bild 7.2
Vierpol aus zwei ungekoppelten Spulen

$$L_1 = 3\text{mH},\ L_3 = 1\text{mH}.$$

L ö s u n g e n

7.1 7.1.1 Für die linke Masche in Bild 7.1 gilt

$$u_1 = L_1 \frac{di_1}{dt} + L_3 \frac{di_3}{dt}\,, \qquad (7.1a)$$

für die rechte

$$u_2 = L_2 \frac{di_2}{dt} + L_3 \frac{di_3}{dt} \quad . \qquad (7.1b)$$

Mit

$$i_3 = i_1 + i_2$$

wird

$$\boxed{\begin{aligned} u_1 &= (L_1+L_3)\frac{di_1}{dt} + L_3 \frac{di_2}{dt} \\ u_2 &= L_3 \frac{di_1}{dt} + (L_2+L_3)\frac{di_2}{dt} \end{aligned}} \quad . \qquad \begin{aligned} (7.2a) \\ (7.2b) \end{aligned}$$

7.1.2 Für einen verlustfreien Transformator (Bild 7.3) gelten die Gleichungen

$$u_1 = L_{11} \frac{di_1}{dt} + M \frac{di_2}{dt} \qquad (7.3a)$$

$$u_2 = M \frac{di_1}{dt} + L_{22} \frac{di_2}{dt} \quad . \qquad (7.3b)$$

Wenn man dieses Gleichungs-System mit dem System (7.2) vergleicht, so zeigt sich, daß beide Systeme identisch sind, falls ihre Koeffizienten übereinstimmen:

$$L_{11} = L_1 + L_3 \qquad (7.4a)$$

$$L_{22} = L_2 + L_3 \qquad (7.4b)$$

$$M = L_3 \quad . \qquad (7.4c)$$

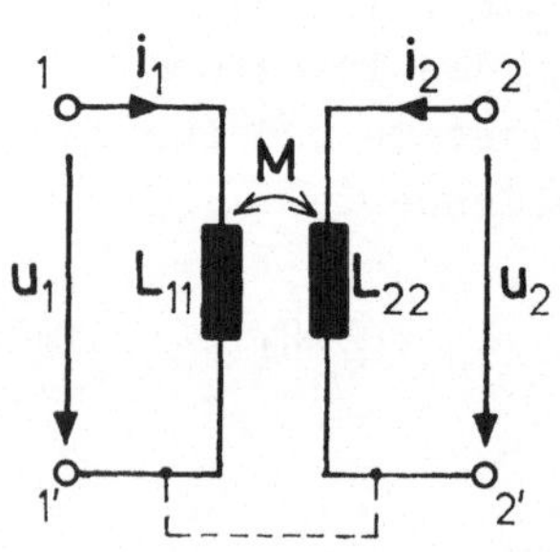

Bild 7.3
Verlustfreier Übertrager

Löst man dies nach L_1 , L_2 und L_3 auf, so entsteht

$$L_1 = L_{11} - M \tag{7.5a}$$

$$L_2 = L_{22} - M \tag{7.5b}$$

$$L_3 = M \quad . \tag{7.5c}$$

Ein Übertrager mit den Hauptinduktivitäten L_{11} , L_{22} und der Gegeninduktivität M (Bild 7.3) verhält sich also ebenso wie eine T-Schaltung dreier ungekoppelter Spulen (Bild 7.1), wenn die Schaltungsparameter beider Schaltungen die Bedingungen (7.5) erfüllen und wenn außerdem die Klemmen 1' und 2' des Übertragers kurzgeschlossen sind (Bilder 7.3 und 7.4).

Anmerkung

Man bezeichnet daher die Schaltung 7.4 auch als Ersatzschaltung für die Schaltung 7.3 . Die Ersatzschaltung reduziert eine Schaltung aus gekoppelten Spulen zu einer Schaltung aus ungekoppelten Spulen. Allerdings sind die Elemente der Ersatzschaltung nicht realisierbar, wenn

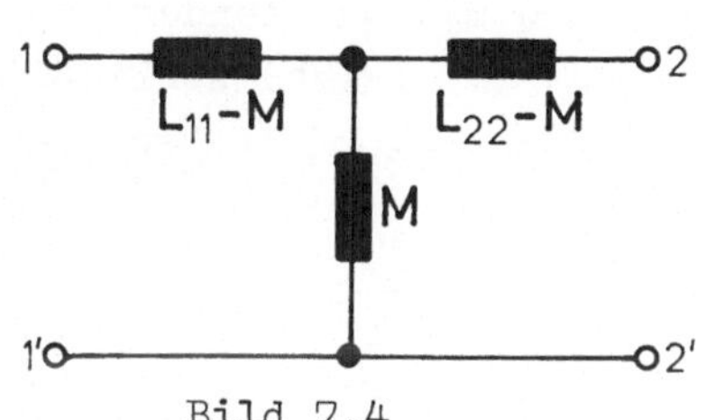

Bild 7.4
Ersatzschaltung eines verlustfreien Übertragers

$$M > L_{11} \quad \text{oder} \quad M > L_{22}$$

wird, weil dann gemäß (7.5) L_1 oder L_2 negativ sein müßten (vgl. Aufgabe 7.2).

7.2 7.2.1 Wenn man die Gegeninduktivität M durch den Kopplungsfaktor k und die Hauptinduktivitäten L_{11}, I_{22} ausdrückt,

$$M = k\sqrt{L_{11}L_{22}}\,, \qquad (7.6)$$

so ergibt sich anstatt der Gleichungen (7.5):

$$L_1 = L_{11} - k\sqrt{L_{11}L_{22}} \qquad (7.7a)$$

$$L_2 = L_{22} - k\sqrt{L_{11}L_{22}} \qquad (7.7b)$$

$$L_3 = k\sqrt{L_{11}L_{22}}\,. \qquad (7.7c)$$

7.2.2 Wenn L_{22} und L_{11} konstant sind und $L_{11} > L_{22}$ ist, wird mit wachsender Kopplung k die Induktivität L_2 gemäß Gl. (7.7b) schließlich negativ. Realisierbar ist nur $L_2 \geq 0$. Der Grenzfall $L_2 = 0$ tritt ein, wenn

$$L_{22} = \hat{k}\sqrt{L_{11}L_{22}}$$

$$\hat{k} = \frac{L_{22}}{\sqrt{L_{11}L_{22}}} = \frac{L_{22}}{\sqrt{9L_{22}^2}}$$

$$\hat{k} = \frac{1}{3}\,.$$

Wird $k > \hat{k}$, so würde L_2 negativ.

7.3 Aus den Gleichungen (7.4) folgt hier wegen

$$L_2 = 0$$

$$L_{11} = L_1 + L_3 \qquad (7.8a)$$

$$L_{22} = L_3 \qquad (7.8b)$$

$$M = L_3 \ . \tag{7.8c}$$

Aus Gl. (7.8c) folgt wegen (7.6)

$$k \sqrt{L_{11}L_{22}} = L_3$$

$$k = \frac{L_3}{\sqrt{L_{11}L_{22}}} = \frac{L_3}{\sqrt{(L_1+L_3)L_3}}$$

$$\boxed{k = \frac{1}{\sqrt{1+L_1/L_3}}} \ .$$

Für die angegebenen Zahlenwerte wird

$$\boxed{\begin{aligned} L_{11} &= 3\text{mH} + 1\text{mH} = 4\text{mH} \\ L_{22} &= 1\text{mH} \\ k &= \frac{1}{\sqrt{1+3}} = 0{,}5 \end{aligned}} \ .$$

b. Der Gleichstrom-Nebenschlußgenerator

A u f g a b e n

7.4 Ein Gleichstromgenerator wird bei der Drehzahl $n = 10/s$ fremderregt. Dabei wird folgende Leerlaufkennlinie gemessen:

i_e/A	0	0,2	0,4	0,6	0,8	1	1,2	1,4
u/ V	3	25	47	69	89	106	120	132

(7.9)

Der fremderregte Generator wird parallel zu einer Batterie ($u_B = 40V$) geschaltet (Bild 7.5). Der Ankerwiderstand R des Generators und der Innenwiderstand R_B der Batterie sind gegeben:

$$R = 0{,}15\,\Omega \;;$$

$$R_B = 0{,}15\,\Omega \;.$$

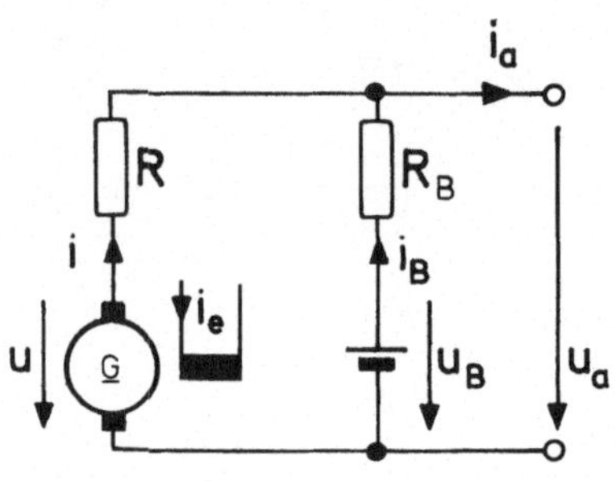

Bild 7.5
Parallelbetrieb eines fremderregten Gleichstromgenerators und einer Batterie

Man gebe die Belastungskennlinien $u_a = f(i_a)$ für die Erregerströme

$$i_e = 0{,}4\text{ A} \;;\; i_e = 0{,}8\text{ A} \;;\; i_e = 1{,}2\text{ A}$$

an.

7.5 Ein Gleichstromgenerator arbeitet im Nebenschlußbetrieb (Bild 7.6). Er wird mit der Drehzahl $n = 10/s$ angetrieben, bei der er die Kennlinie (7.9) hat. Der Ankerwiderstand R und der Widerstand R_E der Erregerwicklung sind bekannt:

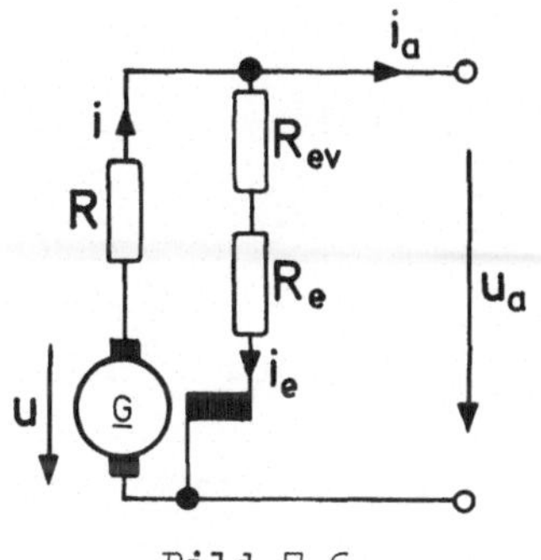

Bild 7.6
Nebenschlußbetrieb eines Gleichstromgenerators

$$R = 1\,\Omega\ ;$$

$$R_e = 40\,\Omega\ .$$

7.5.1 Man bestimme die Leerlaufspannung u_{ao}, wenn $R_{ev} = 65\,\Omega$ ist.

7.5.2 Wie groß muß der Vorwiderstand R_{ev} sein, damit

$$i_a = 5\text{A und } u_a = 100\text{ V}$$

wird ?

7.6 Ein Gleichstromgenerator wird mit der Drehzahl $n_1 = 10/s$ angetrieben; dabei wird (bei Fremderregung) die Kennlinie (7.9) gemessen. Der Ankerwiderstand und der Widerstand der Erregerwicklung sind gegeben:

$$R = 1{,}5\,\Omega\ ;\quad R_e = 40\,\Omega\ .$$

7.6.1 Wie groß muß die Drehzahl n_2 werden, damit beim Erregerstrom $i_e = 1{,}2$ A die Generatorspannung $u_{(2)} = 300$ V entsteht ?

7.6.2 In Reihe zur Erregerwicklung wird der Vorwiderstand $R_{ev} = 60\,\Omega$ geschaltet. Der Generator arbeitet im Nebenschlußbetrieb (Bild 7.6) bei der

Frequenz n_1 .

7.6.2.1 Welche Leerlaufspannung u_{ao} stellt sich ein?

7.6.2.2 Man gebe die Belastungskennlinie $i_a = f(u_a)$ an.

7.7 Gegeben ist derselbe Generator wie in Aufgabe 7.6.

7.7.1 Der Generator arbeitet bei Fremderregung.

7.7.1.1 Man gebe die Belastungskennlinien $u_a = f(i_a)$ für die Erregerströme

$$i_e = 0{,}4\ \text{A} \ ; \quad i_e = 0{,}8\ \text{A} \ ; \quad i_e = 1{,}2\ \text{A}$$

an.

7.7.1.2 Die Klemmenspannung u_a soll unabhängig vom Belastungsstrom i_a konstant 47 V betragen. Man gebe die Regulierkennlinie $i_e = f(i_a)$ an.

7.7.2 Der Generator arbeitet im Nebenschluß. In Reihe zur Erregerwicklung wird ein veränderbarer Vorwiderstand R_{ev} geschaltet, der so eingestellt werden soll, daß die Klemmenspannung bei der Drehzahl n = 10/s konstant 47 V ist.
Man gebe $R_{ev} = f(i_a)$ an.
Wie groß kann der Belastungsstrom i_a höchstens werden ?

7.8 Ein Gleichstromgenerator hat bei der Drehzahl n = 600/min die Leerlaufkennlinie (7.9).
Sein Ankerwiderstand ist $R = 0{,}15\,\Omega$, der Widerstand der Erregerwicklung ist $R_e = 40\,\Omega$ (Bild 7.6). Die Maschine soll als Nebenschlußgenerator mit der Drehzahl n = 1200/min betrieben werden (Bild 7.6). Für

den Fall $i_a = 0$ soll $u = 240$ V werden.
Wie groß muß R_{ev} sein ?

7.9 Gegeben sind die Leerlaufkennlinie (7.9) und die Widerstände R und R_e eines Gleichstromnebenschlußgenerators (vgl. Bild 7.6):

$$R = 0{,}15\,\Omega \;;\quad R_e = 70\,\Omega \;;\quad R_{ev} = 0 \;.$$

Wie kann man daraus den maximalen Belastungsstrom i_a bestimmen ?

L ö s u n g e n

7.4 Für die gegebene Schaltung (Bild 7.5) lassen sich zwei Spannungsgleichungen aufstellen:

$$u - Ri = u_a \tag{7.10}$$

$$u_B - R_B i_B = u_a \;. \tag{7.11}$$

Für die Ströme gilt

$$i + i_B = i_a \;. \tag{7.12}$$

Aus diesen drei Gleichungen können i und i_B eliminiert werden:

$$u_a = \frac{u + (R/R_B)u_B - Ri_a}{1 + R/R_B} \;. \tag{7.13}$$

Hierbei ergibt sich aus der Kennlinie (7.9)

für	$i_e = 0{,}4$ A	die Generatorspannung	$u = 47$ V ;
"	$i_e = 0{,}8$ A	" "	$u = 89$ V ;
"	$i_e = 1{,}2$ A	" "	$u = 120$ V .

Setzt man u_B und die jeweilige Spannung u in die Gleichung (7.13) ein, so wird

$$\text{für } i_e = 0{,}4\text{A}: \quad u_a = (43{,}5 - 0{,}075\,\frac{i_a}{\text{A}})\ \text{V} \qquad (7.14)$$

$$\text{" } i_e = 0{,}8\text{A}: \quad u_a = (64{,}5 - 0{,}075\,\frac{i_a}{\text{A}})\ \text{V} \qquad (7.15)$$

$$\text{" } i_e = 1{,}2\text{A}: \quad u_a = (80{,}0 - 0{,}075\,\frac{i_a}{\text{A}})\ \text{V}\,. \qquad (7.16)$$

Die Belastungskennlinie (7.14) ist in Bild 7.7 dargestellt.

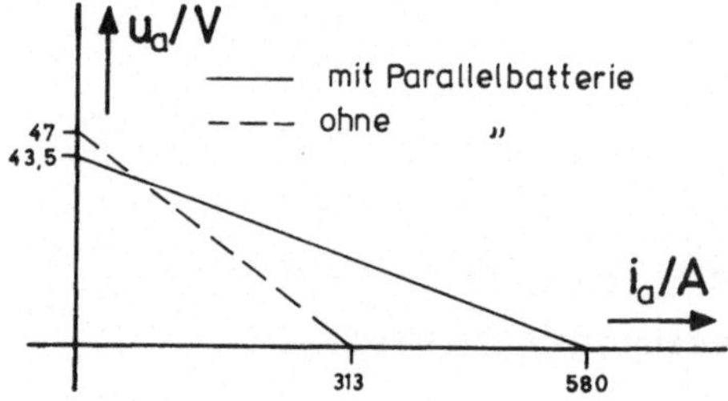

Bild 7.7
Belastungskennlinien eines Gleichstromgenerators bei konstanter Fremderregung

Die gestrichelte Kennlinie in diesem Bild ergibt sich, wenn die Parallelbatterie abgetrennt wird, d.h. wenn in Gl. (7.13) $u_B = 0$ und $R_B = \infty$ gesetzt wird und $u = 47$ V und $R = 0{,}15\,\Omega$ bleiben.

7.5 7.5.1 Für $i_a = 0$ wird

$$u = iR + i_e\,(R_e + R_{ev}) \qquad (7.17)$$

$$u = i_e(R + R_e + R_{ev}) \qquad (7.18)$$

$$u = 106\,\Omega \cdot i_e\,. \qquad (7.19)$$

Außer durch diese Gleichung werden u und i_e durch die Kennlinie (7.9) miteinander verknüpft. Der Arbeitspunkt, der sich einstellt, kann also grafisch aus dem Schnittpunkt S der Kennlinie (7.9) mit der Widerstandsgeraden (7.19) ermittelt werden; siehe

Bild 7.8 .

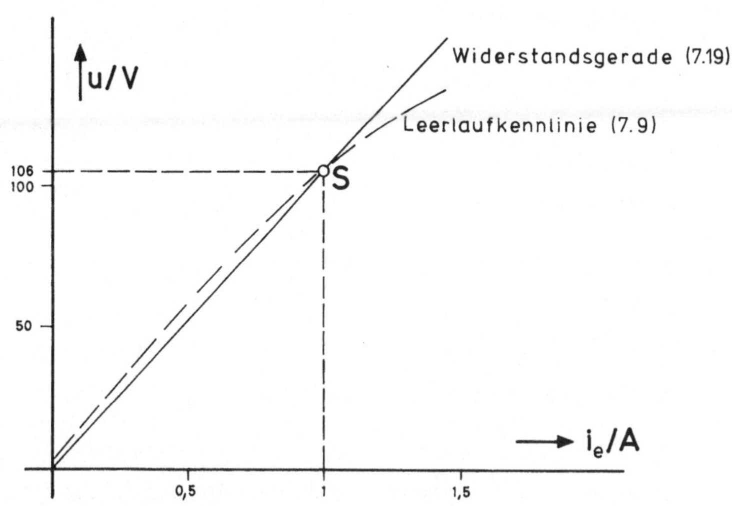

Bild 7.8
Grafische Bestimmung des Arbeitspunktes eines unbelasteten Gleichstrom-Nebenschlußgenerators

Aus der Konstruktion des Bildes 7.8 ergibt sich das Wertepaar

$$u_o = 106 \text{ V} \ ; \ i_{eo} = 1 \text{ A}.$$

Die Klemmenspannung u_a des unbelasteten Generators wird also

$$\boxed{u_{ao} = u_o - R i_{eo}}$$

$$\boxed{u_{ao} = 106 \text{ V} - 1\Omega \cdot 1 \text{ A} = 105 \text{ V}} \ .$$

7.5.2 In diesem Fall (Belastung mit $i_a = 5$ A ; $u_a = 100$ V) gilt

$$i = i_e + i_a \tag{7.20}$$

und

$$u - Ri = u_a \quad . \tag{7.10}$$

Eliminiert man i aus den Gleichungen (7.20) und (7.10), so entsteht

$$u = Ri_e + Ri_a + u_a \tag{7.21}$$

und mit den gegebenen Zahlenwerten

$$u = 1\Omega \cdot i_e + 105 \text{ V} . \tag{7.22}$$

Das Wertepaar u ; i_e ergibt sich aus den Koordinaten des Schnittpunktes S der Geraden (7.22) mit der Leerlauf-Kennlinie (7.9); siehe Bild 7.9.

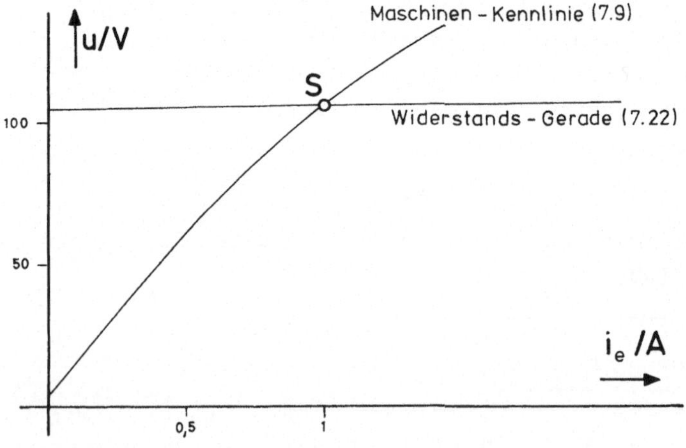

Bild 7.9

Grafische Bestimmung des Arbeitspunktes eines belasteten Gleichstrom-Nebenschlußgenerators

Auch in diesem Fall ergeben sich die Schnittpunktskoordinaten

$$u = 106\ \text{V}\ ; \quad i_e = 1\ \text{A}\ .$$

Wegen

$$(R_e + R_{ev})\, i_e = u_a \tag{7.23}$$

wird

$$\boxed{R_{ev} = \frac{u_a}{i_e} - R_e} \tag{7.24}$$

$$\boxed{R_{ev} = \frac{100\text{V}}{1\text{A}} - 40\,\Omega = 60\,\Omega}\ .$$

7.6 7.6.1 Die Spannung, die im Anker des Generators induziert wird, ist der magnetischen Flußdichte B und der Drehzahl n proportional:

$$u = K_1 \cdot B \cdot n\ ; \tag{7.25}$$

hierbei ist K_1 eine Konstante, die nur vom Aufbau der Maschine abhängt. Ist auch der Erregerstrom i_e konstant, so ist B ebenfalls konstant, und wir können schreiben:

$$u = K_2 \cdot n\ . \tag{7.26}$$

Ändert man also die ursprünglich gegebene Drehzahl n_1 und geht zur Drehzahl n_2 über, so ändert sich die Generatorspannung gemäß Gl.(7.26) proportional zur Drehzahl:

$$\frac{u_{(2)}}{u_{(1)}} = \frac{n_2}{n_1} \tag{7.27}$$

$$\boxed{n_2 = \frac{u_{(2)}}{u_{(1)}} n_1}\ . \tag{7.28}$$

Hierbei ist

$$u_{(2)}=300\ \mathrm{V},\ u_{(1)}=120\ \mathrm{V},\ n_1 = 10/\mathrm{s}\ ,$$

daher wird

$$\boxed{n_2 = \frac{300\mathrm{V}}{120\mathrm{V}}\ 10/\mathrm{s} = 25/\mathrm{s}}\ .$$

7.6.2

7.6.2.1 Für $i_a = 0$ gilt die Gl.(7.18) (vgl.Aufgabe 7.5.1); mit den gegebenen Zahlenwerten wird:

$$u = 101{,}5\,\Omega \cdot i_e\ . \tag{7.29}$$

Der Schnittpunkt dieser Geraden mit der Kennlinie (7.9) liefert als Lösung die Schnittpunktskoordinaten

$$u_o = 117\ \mathrm{V}\ ;\quad i_{eo} = 1{,}15\ \mathrm{A}\ .$$

Als Klemmenspannung des unbelasteten Generators ergibt sich in diesem Fall

$$u_{ao} = u_o - Ri_{eo}$$

$$\boxed{u_{ao} = 117\ \mathrm{V} - 1{,}5\,\Omega \cdot 1{,}15\ \mathrm{A} \approx 115{,}3\ \mathrm{V}}\ .$$

7.6.2.2 Auch hier gilt die Gleichung

$$u = Ri_e + Ri_a + u_a\ . \tag{7.21}$$

Löst man dies nach i_a auf, so entsteht

$$i_a = \frac{u - u_a}{R} - i_e \tag{7.30}$$

$$\frac{i_a}{\mathrm{A}} = \frac{u/\mathrm{V} - u_a/\mathrm{V}}{1{,}5} - \frac{i_e}{\mathrm{A}}\ . \tag{7.31}$$

Außerdem ist

$$u_a = (R_{ev} + R)\, i_e \tag{7.32}$$

$$\frac{u_a}{V} = 100 \frac{i_e}{A} \quad . \tag{7.33}$$

Setzt man in die Gl.(7.31) Wertepaare u ; i_e aus der Kennlinie (7.9) ein und bestimmt hierzu jeweils u_a nach Gl.(7.33), so entsteht folgende Tabelle:

i_e/A	0	0,2	0,4	0,6	0,8	1	1,15	1,2	1,4
u/V	3	25	47	69	89	106	117	120	132
u_a/V	0	20	40	60	80	100	115,3	120	140
i_a/A	2	3,13	4,26	5,4	5,2	3	0	-1,2	-6,73

(7.34)

Als siebte Spalte ist in dieser Tabelle das Ergebnis aus 7.6.2.1 eingetragen. Höhere Werte als u_a = 115,3 V (Leerlaufspannung an den Generatorklemmen) können nicht auftreten. Daher ergibt sich in der achten Spalte ein negativer Wert i_a : die Maschine nimmt dann an den Klemmen Leistung auf (Übergang in den Motorbetrieb). Die beiden unteren Zeilen der Tabelle (7.34) stellen die gesuchte Belastungskennlinie $i_a = f(u_a)$ dar, die in Bild 7.10 skizziert ist.

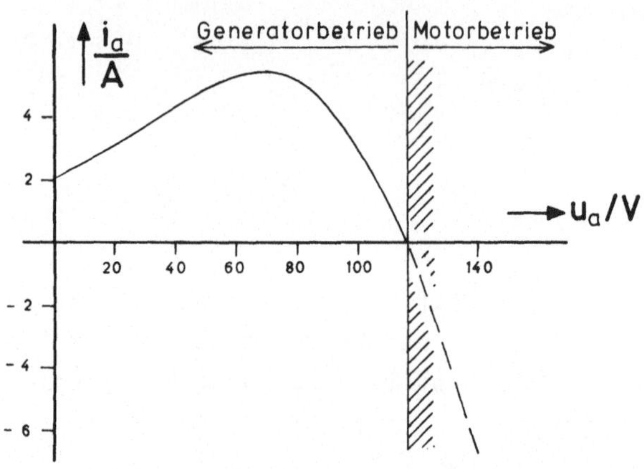

Bild 7.10

Belastungskennlinie einer Gleichstrom-Nebenschlußmaschine

7.7 7.7.1.1 Beim fremderregten Generator ist $i = i_a$, siehe Bild 7.11. Deshalb ergibt sich hier aus Gl. (7.10)

$$\boxed{u_a = u - Ri_a} \quad . \tag{7.35}$$

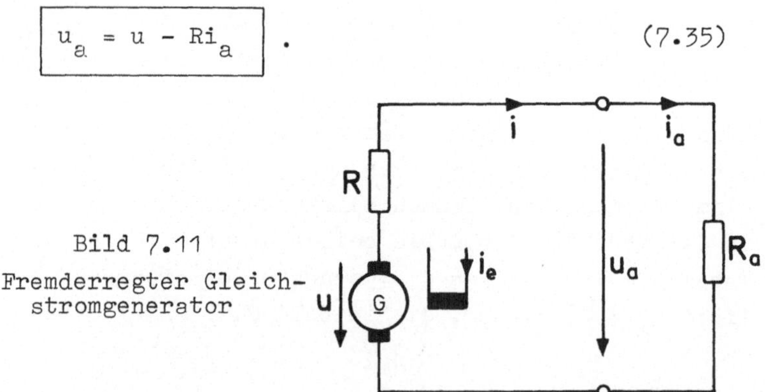

Bild 7.11

Fremderregter Gleichstromgenerator

Aus der Kennlinie (7.9) können die Spannungen abgelesen werden, die zu den drei Erregerströmen gehören. Für i_e = 0,4 A wird u = 47 V; eingesetzt in Gl.(7.35) ergibt das

$$\boxed{u_a = \left(47 - 1{,}5\,\frac{i_a}{A}\right)\,V \quad (\text{für } i_e = 0{,}4\ A)} \;. \qquad (7.36)$$

Für $i_e = 0{,}8$ A wird $u = 89$ V ; daraus folgt

$$\boxed{u_a = \left(89 - 1{,}5\,\frac{i_a}{A}\right)\,V \quad (\text{für } i_e = 0{,}8\ A)} \;. \qquad (7.37)$$

Für $i_e = 1{,}2$ A wird $u = 120$ V ; daraus folgt

$$\boxed{u_a = \left(120 - 1{,}5\,\frac{i_a}{A}\right)\,V \quad (\text{für } i_e = 1{,}2\ A)} \;. \qquad (7.38)$$

In Bild 7.12 sind die drei Belastungskennlinien (7.36), (7.37) und (7.38) dargestellt.

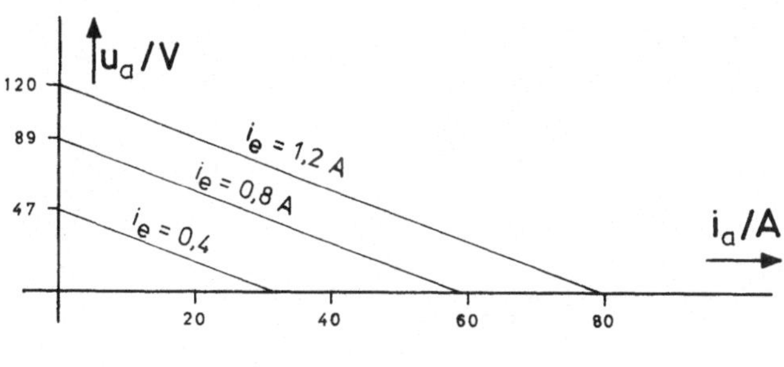

Bild 7.12

Belastungskennlinien
eines fremderregten Gleichstromgenerators

7.7.1.2 Die Gl.(7.35) kann nach i_a aufgelöst werden:

$$i_a = \frac{u - u_a}{R} \;. \qquad (7.39)$$

Wegen u_a = konst = 47 V und $R = 1{,}5\,\Omega$ wird also

$$i_a = \frac{u - 47\,V}{1{,}5\,\Omega} \quad . \tag{7.40}$$

Durch diese Gleichung wird $i_a = f(u)$ angegeben. Da aus der Kennlinie (7.9) der Zusammenhang zwischen u und i_e bekannt ist, so kann aus Gl.(7.40) und der Kennlinie (7.9) eine Tabelle ermittelt werden, die den Zusammenhang $i_e = f(i_a)$ (für $u_a = 47\,V$) herstellt:

i_e/A	0	0,2	0,4	0,6	0,8	1,0	1,2	1,4
u /V	3	25	47	69	89	106	120	132
i_a/A	-29,3	-14,7	0	14,7	28	39,4	48,6	56,6

(7.41)

Die beiden oberen Zeilen dieser Tabelle wiederholen die Kennlinie (7.9), die untere Zeile wird aus der mittleren mit Hilfe der Gl.(7.40) berechnet. Die obere und die untere Zeile stellen dann die gesuchte Regulierkennlinie $i_e = f(i_a)$ dar, siehe Bild 7.13 .

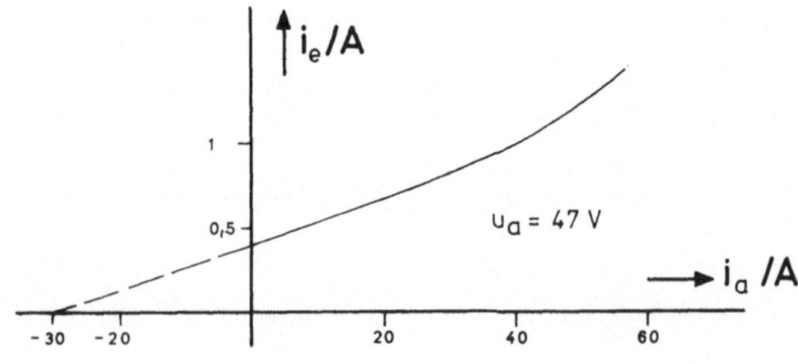

Bild 7.13
Regulierkennlinie eines fremderregten Gleichstromgenerators

7.7.2 Wegen u_a=47 V kann hier statt der Gl.(7.32) geschrieben werden

$$47\,\mathrm{V} = (R_{ev} + 40\,\Omega)\, i_e \quad , \tag{7.42}$$

d.h. jedem Wert i_e kann hiermit ein Wert R_{ev} eindeutig zugeordnet werden. Außerdem wird aus der Gl.(7.30) mit den vorgeschriebenen Zahlenwerten die Gleichung

$$i_a = \frac{u - 47\,\mathrm{V}}{1{,}5\,\Omega} - i_e \quad . \tag{7.43}$$

Es kann also jedem Wertepaar $u\,;\,i_e$ auch ein Wert i_a zugeordnet werden, so daß die folgende Tabelle entsteht:

i_e/A	0	0,2	0,4	0,6	0,8	1,0	1,2	1,4
u /V	3	25	47	69	89	106	120	132
i_a/A	(-29,3)	(-14,9)	(-0,4)	14,1	27,2	38,4	47,4	55,2
R_{ev}/Ω	∞	195	77,5	38,3	18,8	7	(-0,8)	(-6,5)

(7.44)

Auch in dieser Tabelle geben die erste und die zweite Zeile die Kennlinie (7.9) wieder; die dritte Zeile wird aus den beiden ersten mit Hilfe der Gl.(7.43) gewonnen; die vierte Zeile wird aus der ersten mit Hilfe der Gl.(7.42) gebildet.
Die dritte und vierte Zeile geben dann den gesuchten Zusammenhang $R_{ev} = f(i_a)$ an, siehe Bild 7.14.
Da $R_{ev} \geq 0$ ist, kann der Belastungsstrom den Wert

$$\boxed{i_a = 46{,}3\,\mathrm{A}}$$

nicht überschreiten.

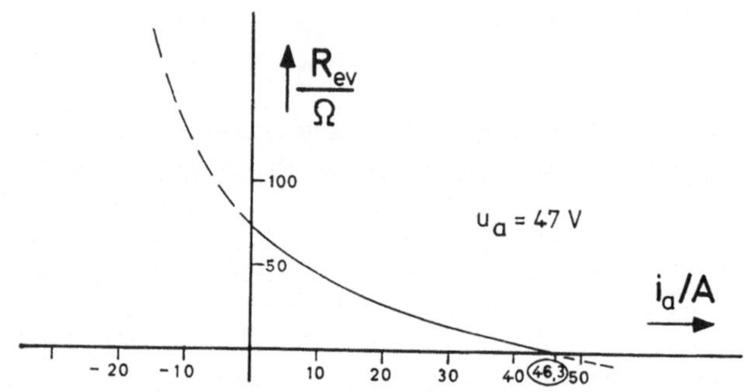

Bild 7.14
Kennlinie $R_{ev} = f(i_a)$ eines fremderregten Gleichstromgenerators

7.8 Gemäß Gl.(7.27) gilt

$$u_{(1)} = \frac{n_1}{n_2} u_{(2)} \tag{7.45}$$

$$u_{(1)} = \frac{600}{1200} 240V = 120V ,$$

d.h. wenn bei 1200 Umdrehungen/Minute 240V entstehen, so wird - den gleichen Erregerstrom i_e vorausgesetzt - bei 600 Umdrehungen/Minute die Generatorspannung gerade halb so groß. Aus der Kennlinie (7.9) kann außerdem entnommen werden, daß bei n = 600/min zu der Spannung u = 120V der Erregerstrom i_e = 1,2A gehört. Dieser Erregerstrom muß also auch aufgebracht werden, damit für n = 1200/min die Spannung u = 240V wird. Wegen Gl.(7.18) gilt dann

$$240V = 1,2A\,(0,15\Omega + 40\Omega + R_{ev})$$

$$200\,\Omega = 40{,}15\,\Omega + R_{ev}$$

$$\boxed{R_{ev} = 159{,}85\,\Omega} \quad .$$

7.9 In Bild 7.10 wird die Belastungskennlinie $i_a = f(u_a)$ dargestellt; diese Funktion hat ein Maximum. In der vorliegenden Aufgabe soll ein solches Maximum bestimmt werden, wobei die Belastungskennlinie vorher nicht berechnet werden muß.
Ersetzt man in Gl.(7.30) i_e durch

$$i_e = u_a/R_e \ , \tag{7.46}$$

so erhält man

$$i_a = \frac{u}{R} - \left(\frac{1}{R} + \frac{1}{R_e}\right) u_a \quad . \tag{7.47}$$

Differenziert man i_a nach u_a , so erhält man

$$\frac{di_a}{du_a} = \frac{1}{R}\,\frac{du}{di_e}\,\frac{di_e}{du_a} - \left(\frac{1}{R} + \frac{1}{R_e}\right) \quad . \tag{7.48}$$

Hierin wird wegen Gl.(7.46)

$$\frac{di_e}{du_a} = \frac{1}{R_e} \quad , \tag{7.49}$$

so daß sich Gl.(7.48) folgendermaßen vereinfacht:

$$\frac{di_a}{du_a} = \frac{1}{RR_e}\,\frac{du}{di_e} - \left(\frac{1}{R} + \frac{1}{R_e}\right) . \tag{7.50}$$

Im Maximum der Funktion $i_a = f(u_a)$ gilt

$$\left.\frac{di_a}{du_a}\right|_E = 0 \quad .$$

Daraus folgt

$$\frac{1}{RR_e}\left.\frac{du}{di_e}\right|_E = \frac{1}{R} + \frac{1}{R_e}$$

$$R + R_e = \left.\frac{du}{di_e}\right|_E \quad . \qquad (7.51)$$

Hierbei gibt der Index E an, daß die Ausdrücke di_a/du_a und du/di_e zum Extremwert (Maximum) der Funktion $i_a = f(u_a)$ gehören. Die Gleichung (7.51) kann in der folgenden Weise interpretiert werden: im Maximum der Funktion $i_a = f(u_a)$ hat die Kennlinie $u = f(i_e)$ die Steigung $(R + R_e)$. Der Punkt P, in dem die Kennlinie $u = f(i_e)$ die Steigung $(R + R_e)$ hat, kann grafisch leicht gefunden werden: In Bild 7.15 ist die Kennlinie $u = f(i_e)$ eingezeichnet und die Gerade

$$u = (R + R_e)i_e = 70{,}15\,\Omega \cdot i_e \quad .$$

Durch Parallelverschiebung dieser Geraden erhält man schließlich diejenige Gerade mit der Steigung $(R + R_e)$, die die Kennlinie gerade berührt (die Tangente ist gestrichelt gezeichnet). Die Koordinaten des Berührungspunktes sind

$$i_{eE} = 1{,}1\text{A} \; ; \quad u_E = 113\text{V} \; .$$

Aus Gl.(7.47) ergibt sich mit (7.46)

$$i_a = \frac{u}{R} - (1 + R_e/R)i_e \quad . \qquad (7.52)$$

Setzt man hier die Koordinaten des Berührungspunktes P ein, so erhält man als maximalen Belastungsstrom

$$\hat{i}_a = i_{aE} = \frac{u_E}{R} - (1 + R_e/R)i_{eE}$$

$$\hat{i}_a = \frac{113V}{0,15\Omega} - \left(1 + \frac{70}{0,15}\right) 1,1A$$

$$\boxed{\hat{i}_a \approx 239A}\ .$$

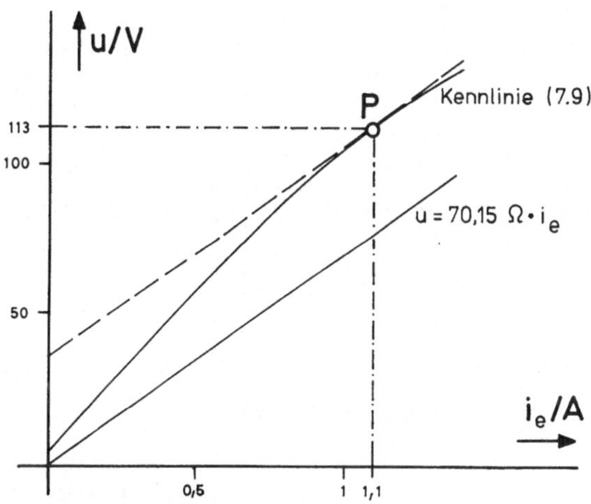

Bild 7.15
Zur Bestimmung des Maximums der Belastungskennlinie $i_a = f(u_a)$

c. Die Gleichstrom-Reihenschlußmaschine

A u f g a b e n

7.10 Bei der Klemmenspannung u_a = 110V wurde die folgende Drehzahlkennlinie (Bild 7.17) eines Reihenschlußmotors (Bild 7.16) gemessen:

i/A	15	20	25	30	35	40	45
n/min^{-1}	1600	1240	1070	960	880	820	780

(7.53)

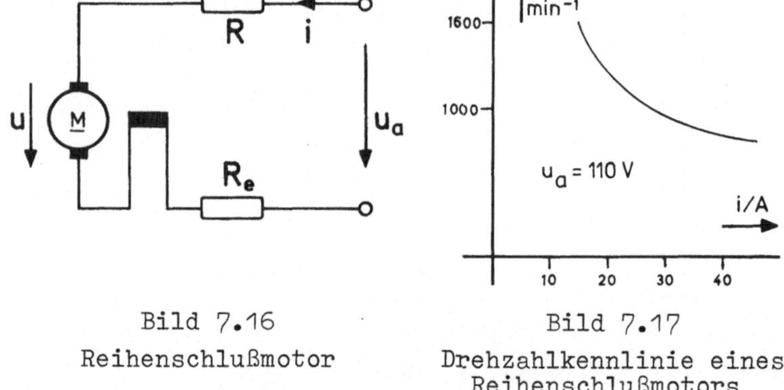

Bild 7.16 Reihenschlußmotor

Bild 7.17 Drehzahlkennlinie eines Reihenschlußmotors

Für den Widerstand R des Ankers und den Widerstand R_e der Erregerwicklung gilt:

$$R + R_e = 0{,}5\ \Omega \quad .$$

Bei der Drehzahl n = 1600/min wird der Motor vom Netz abgetrennt, die Erregerwicklung wird umgepolt, und an die Motorklemmen wird der Widerstand R_B = 4,5Ω gelegt. Die kinetische Energie des Ankers bewirkt,

daß die Maschine nun als Generator arbeitet und vor allem durch den Energieverbrauch in den Widerständen R, R_e und R_B gebremst wird.
Welcher maximale Strom kann nach dem Übergang zum Generatorbetrieb in der Maschine fließen, falls ihr keine mechanische Energie zusätzlich zugeführt wird?

7.11 Bei der Klemmenspannung $u_a = 110V$ wurde für einen Reihenschlußmotor (Bild 7.16) die Drehzahlkennlinie (7.53) gemessen. Der Anker und die Erregerwicklung haben zusammen den Widerstand

$$R + R_e = 0{,}5\,\Omega \quad .$$

Man berechne den Widerstand R_v , den man in Reihe zur Maschine legen muß, damit bei der Drehzahl $n = 780/\text{min}$ nur der Strom $i = 20A$ aufgenommen wird.

7.12 Ein Gleichstrom-Reihenschlußmotor (Bild 7.16) liegt an der Klemmenspannung $u_a = 600V$, so daß er bei der Drehzahl $n = 600/\text{min}$ den Strom $i = 80A$ aufnimmt. Für die Widerstände des Ankers und der Erregerwicklung gilt: $R + R_e = 0{,}5\,\Omega$.
Wie groß wird die Drehzahl, wenn der Motor bei der Klemmenspannung $u_a = 300V$ weiterhin den Strom $i = 80A$ aufnehmen soll?

7.13 Ein Gleichstrom-Reihenschlußgenerator (Bild 7.18) wird mit konstanter Drehgeschwindigkeit angetrieben. Der Wicklungswiderstand der Reihenschlußwicklung ist

$$R_e = 0{,}2\,\Omega \quad ,$$

der Ankerwiderstand ist

$R = 0{,}1\,\Omega$.

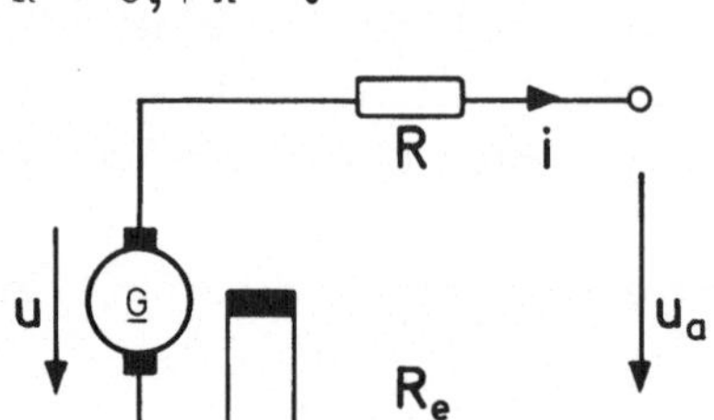

Bild 7.18
Reihenschlußgenerator

Bei der gegebenen konstanten Drehgeschwindigkeit wird folgende Belastungskennlinie gemessen:

i /A	5	10	15	20	25	30	40	50	60
u_a/V	23,5	44	56,5	64	69,5	73	77	80	83

(7.54)

Die Windungszahl der Erregerwicklung wird nun verdoppelt, wobei sich auch R_e verdoppelt. Der Generator wird weiterhin mit der gleichen konstanten Drehgeschwindigkeit angetrieben.
Bei welchem Belastungsstrom i stellt sich jetzt die Klemmenspannung $u_a = 65\text{V}$ ein ?

L ö s u n g e n

7.10 Aus der gegebenen Klemmenspannung u_a und dem Strom i kann zu jedem Wertepaar der Drehzahlkennlinie (7.53) die zugehörige Motorspannung u berechnet werden (vgl. Bild 7.16):

$$u = u_a - i(R + R_e) \tag{7.55}$$

$$u = 110\text{V} - i \cdot 0{,}5\,\Omega \quad . \tag{7.56}$$

Mit Hilfe der Gl.(7.56) wird die dritte Zeile der weiter unten stehenden Tabelle (7.58) berechnet. Da der Motor vom Netz abgetrennt wird, während er sich mit 1600 Umdrehungen/Minute dreht, und da er sich nach dem Übergang in den Generatorbetrieb zunächst mit dieser Drehzahl weiterdrehen wird, muß man die Kennlinie $u_{1600} = f(i)$ bei n = konst = 1600/min berechnen. Man erhält die Spannung u_{1600} aus der Spannung u in der dritten Zeile der Tabelle (7.58), indem man die Proportionalität (7.45) zwischen Ankerspannung u und Drehzahl n (bei vorgegebenem Erregerstrom i) berücksichtigt:

$$u_{1600} = \frac{1600}{n/\mathrm{min}^{-1}}\, u \quad . \qquad (7.57)$$

i/A	15	20	25	30	35	40	45
n/min^{-1}	1600	1240	1070	960	880	820	780
u/V	102,5	100	97,5	95	92,5	90	87,5
u_{1600}/V	102,5	129	146	158,4	168,2	175,6	179,5

(7.58)

Die erste und zweite Zeile dieser Tabelle sind eine Wiederholung der Kennlinie (7.53). Die erste und vierte Zeile geben den gesuchten Zusammenhang $u_{1600} = f(i)$ bei konstanter Drehzahl (n = 1600/min) an.

Wenn man nach dem Abtrennen der Maschine vom Netz zwar die Klemmen durch den Bremswiderstand R_B überbrückt, aber die Erregerwicklung nicht umpolt, so gilt

$$i\,(R + R_e + R_B) + u = 0 \tag{7.59}$$

$$u = -\,5\Omega \cdot i\;. \tag{7.60}$$

In der Maschine würde sich nun als Arbeitspunkt der Schnittpunkt S_1 der beiden Funktionen $u_{1600} = -\,5\Omega \cdot i$ und $u_{1600} = f(i)$(gemäß Tabelle 7.58) ergeben; siehe Bild 7.19 .

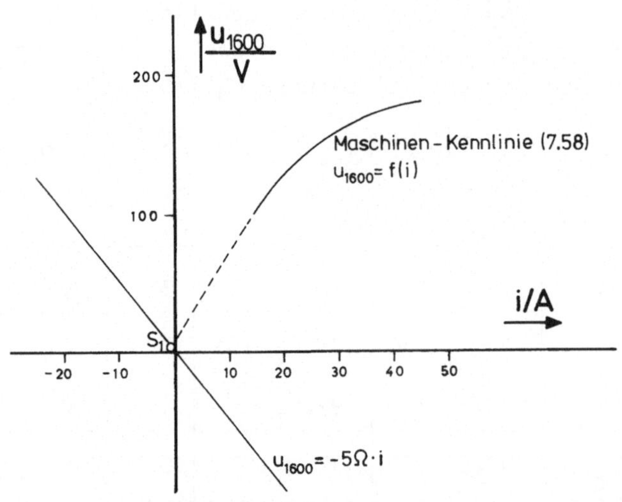

Bild 7.19

Zur Bestimmung des Arbeitspunktes beim Übergang vom Motor- in den Generatorbetrieb ohne Umpolung der Erregerwicklung

Das Bild 7.19 zeigt, daß sich ein Schnittpunkt in der Nähe des Koordinatenursprungs ergeben würde, d.h. die Maschine wird praktisch nicht erregt. Polt man aber die Erregerwicklung der Maschine um, so kehrt sich auch das Vorzeichen der Ankerspannung u um.

In der vierten Zeile der Tabelle (7.58) kann das dadurch berücksichtigt werden, daß man statt u_{1600}/V einfach $-u_{1600}/V$ schreibt:

i/A	15	20	25	30	35	40	45
$-u_{1600}/V$	102,5	129	146	158,4	168,2	175,6	179,5

(7.61)

Der Schnittpunkt S_2 dieser Kennlinie mit der Widerstands-Geraden (7.60) hat die Abszisse

$$\boxed{i = 33\ A},$$

wie in Bild 7.20 dargestellt wird. Der Strom $i = 33A$ ist demnach der gesuchte maximale Strom, der nach dem Übergang in den Generatorbetrieb und Umpolen der Erregerwicklung auftreten kann.

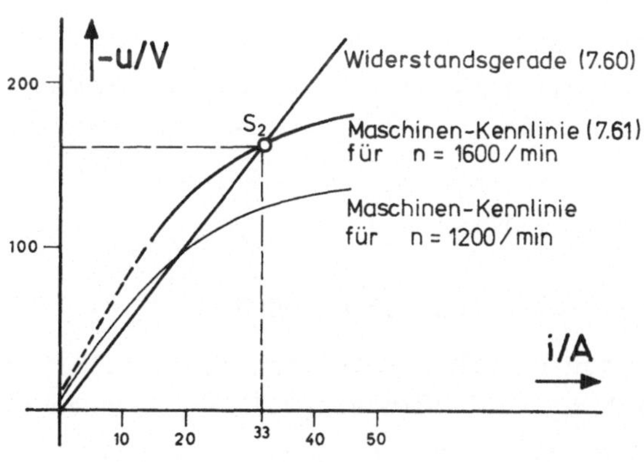

Bild 7.20

Zur Bestimmung des Arbeitspunktes
beim Übergang vom Motor- in den Generatorbetrieb
nach Umpolung der Erregerwicklung

Wenn die Drehzahl der Maschine absinkt, entstehen Maschinenkennlinien , deren Ordinaten proportional mit der Drehzahl abnehmen (als Beispiel ist die Kennlinie für n = 1200/min in Bild 7.20 eingetragen worden). Es zeigt sich, daß die Schnittpunkte der Kennlinien für kleinere Drehzahlen auch zu kleineren Werten für den Strom i führen. Der Schnittpunkt der Maschinen-Kennlinie für n = 1600/min mit der Widerstandsgerade liefert also tatsächlich den maximalen Strom, der im Bremsbetrieb auftreten kann.

Anmerkung

Würde der Maschine während des Bremsbetriebes noch zusätzlich mechanische Energie zugeführt (wie z.B. bei einer abwärts fahrenden Straßenbahn), so könnte allerdings eine Drehzahl $n > 1600/\text{min}$ auftreten und dementsprechend auch der Strom i den Wert 33A überschreiten.

7.11 Ohne Vorwiderstand ist bei i = 20A gemäß der Drehzahlkennlinie (7.53) $n_1 = 1240/\text{min}$; außerdem ist

$$u_{(1)} = u_a - i(R + R_e) \qquad (7.55)$$

$$u_{(1)} = 110\text{V} - 20\text{A}\cdot 0{,}5\,\Omega = 100\text{V} .$$

Damit bei der gleichen Erregung, also beim gleichen Strom, sich $n_2 = 780/\text{min}$ einstellt, muß nach Gl. (7.45) folgendes gelten:

$$u_{(2)} = \frac{780}{1240}\,100\text{V} = 63\text{V} .$$

Die Differenz

$$u_{(1)} - u_{(2)} = 100V - 63V = 37V$$

muß am Vorwiderstand R_v abfallen, falls nach wie vor an den Klemmen die Spannung $u_a = 110V$ liegt; daher wird

$$\boxed{R_v = \frac{u_{(1)} - u_{(2)}}{i} = \frac{37V}{20A} = 1{,}85\ \Omega} \quad .$$

7.12 Für die Ankerspannung gilt (für $n=n_1=600/\text{min}$)

$$u_{(1)} = u_a - i(R + R_e) \qquad (7.55)$$

$$u_{(1)} = 600V - 80A\cdot 0{,}5\,\Omega = 560V \;.$$

Wenn bei der Klemmenspannung $u_a = 300V$ weiterhin der Strom $i = 80A$ fließen soll, wird

$$u_{(2)} = 300V - 80A\cdot 0{,}5\,\Omega = 260V \;.$$

Wegen Gl.(7.28) gilt für die zugehörige Drehzahl n_2:

$$\boxed{n_2 = \frac{260V}{560V}\,600/\text{min} = 278/\text{min}} \quad .$$

7.13 Aus der Gleichung

$$u = u_a + (R + R_e)i \qquad (7.62)$$

$$u = u_a + 0{,}3\,\Omega \cdot i \qquad (7.63)$$

kann der zu jedem Wertepaar i, u_a der Kennlinie (7.54) gehörende Wert der Ankerspannung u bestimmt werden; siehe dritte Zeile der Tabelle (7.67). Nach Verdopplung der Windungszahl gilt für die nun entstehende Ankerspannung $u_{(2)}$:

$$u_{(2)}(i) = u(2i). \tag{7.64}$$

Damit erhält man die vierte Zeile der Tabelle (7.67). In diesem Fall wird die Klemmenspannung

$$u_{a(2)} = u_{(2)} - i\,(R + R_{e(2)}), \tag{7.65}$$

woraus man die fünfte Zeile der Tabelle (7.67) berechnet. $R_{e(2)}$ bezeichnet den Widerstand der Erregerwicklung nach Verdopplung der Windungszahl:

$$R_{e(2)} = 2R_e = 0{,}4\ \Omega\,. \tag{7.66}$$

i /A	5	(10)	15	20	25	30	40	50	60
u_a/V	23,5	44	56,5	64	69,5	73	77	80	83
u /V	25	47	61	70	77	82	89	95	101
$u_{(2)}$ /V	47	70	82	89	95	101			
$u_{a(2)}$/V	44,5	(65)	74,5	79	82,5	86			

(7.67)

Aus der letzten Zeile dieser Tabelle geht hervor, daß sich nach der Verdopplung der Windungszahl die Spannung

$$u_{a(2)} = 65\ \text{V}$$

gerade beim Strom

$$\boxed{i = 10\ \text{A}}$$

einstellt.

SACHVERZEICHNIS

A

B

D

F

G

H

I

K

L

M

N

O

P

Q

R

V

W

Z